第
三
次
沉
思

Third Thoughts

〔美〕斯蒂芬·温伯格（Steven Weinberg）——著

秦麦　孙正凡——译

中信出版集团 | 北京

图书在版编目（CIP）数据

第三次沉思 / （美）斯蒂芬·温伯格著；秦麦，孙正凡译 . —北京：中信出版社，2022.1
书名原文：Third Thoughts
ISBN 978-7-5217-3415-7

Ⅰ . ①第… Ⅱ . ①斯… ②秦… ③孙… Ⅲ . ①自然科学－普及读物 Ⅳ . ① N49

中国版本图书馆 CIP 数据核字（2021）第 162395 号

第三次沉思
著者：　　　[美]斯蒂芬·温伯格
译者：　　　秦麦　孙正凡
出版发行：中信出版集团股份有限公司
　　　　　（北京市朝阳区惠新东街甲 4 号富盛大厦 2 座　邮编　100029）
承印者：　　北京诚信伟业印刷有限公司

开本：880mm×1230mm 1/32　　　印张：10　　　字数：160 千字
版次：2022 年 1 月第 1 版　　　　印次：2022 年 1 月第 1 次印刷
京权图字：01-2020-0252　　　　　书号：ISBN 978-7-5217-3415-7
　　　　　　　　　　　　　　　　定价：69.00 元

版权所有·侵权必究
如有印刷、装订问题，本公司负责调换。
服务热线：400-600-8099
投稿邮箱：author@citicpub.com

7 月 24 日早上，我收到何红建教授寄来的一封信，很惊讶地得知当代最伟大的粒子物理学家斯蒂芬·温伯格去世的消息。两个多月前，他接受我的邀请，在网上作了一个高能物理学的专题演讲，他虽然老迈，但是他的讲话仍然展现出一代大师的风范，使人景仰！

我在很多年前就已经认识温伯格教授。约在 1979 年秋天时，哈佛大学数学系邀请我去哈佛大学访问，主要是想谈聘请我做教授的事情，因此我和当时哈佛大学文理学院的院长有不少交流。刚巧瑞典皇家科学院宣布诺贝尔物理学奖将颁发给三位物理学家，其中两位是哈佛大学物理系的教授温伯格和谢尔顿·李·格拉肖。文理学院院长说他早上在剃胡子时听收音机，听到得奖名单时，以为只有另两人的名字，欠了温伯格，他一急之下，胡子刀割破了脸。可见哈佛大学多重视温伯格教授。

我那次没有接受哈佛大学的聘书，过了三年，院长亲自飞往我家重新谈聘请的事情。当时得克萨斯大学奥斯汀分校正在极力争取温伯格教授去得州。院长告诉我，报纸都说得州人以橄榄球队教练的薪水聘请温伯格，他们不知道，我们哈佛大学聘请教授的薪水高过我们球队教练的薪水。但是温伯格教授在 1982 年还是去了得州；我本人则留在普林斯顿高等研究院，直至 1987 年到哈佛大学任教。

在 1986 年秋天，得克萨斯大学也以重金要礼聘我做讲座教授。我带了十五个学生访问得州半年，这时我和温伯格教授有了比较多的接触。他常常带着一群物理学专家吃午餐，也邀请我参加。当时弦理论刚开始，他的手下能员众多，我和我的学生们都受益良多。他对于我做的广义相对论的工作也有着浓厚的兴趣，尤其是我和孙理察提出的关于黑洞形成的机制。他本人也是广义相对论的专家，写了两本和广义相对论有关的好书，其中一本《最初三分钟》讨论宇宙形成时头三分钟的状况，真知灼见，使人叹为观止。

前尘往事，犹历历在目，如今哲人已逝，怅何如之！

丘成桐

美国国家科学院院士、哈佛大学教授、清华大学教授
2021 年 7 月 24 日

本文刊载于《数理人文》，波士顿国际出版社出版

推荐序二
深刻与直白，历史与当下

—————————————————

　　1979 年我考入了清华大学，入学不久就听说温伯格教授获得了当年的诺贝尔物理学奖。聊天的时候听同学提到了温伯格的《最初三分钟》，我就去图书馆借了一本，不记得当时有没有读明白什么，甚至都不记得当时借的是中文版还是英文版的，说不定还是影印版的。为了写这篇短文，我上网查了一下，简体中文版在 1981 年第一次出版，不过清华大学的图书馆当时也有台湾和香港出版的很多书，所以也有可能我借了台湾或者香港出版的繁体中文版。1984 年，我考入中科院高能物理研究所读研究生，听到有一位老师说，从《最初三分钟》就可以看出温伯格是理论物理学大师，获得诺贝尔物理学奖一点都不意外，这是我第一次听说从科普书能够看出作者的学术水平。那时候我对理论物理一窍不通（今天可能更不通），赶紧去书店买了一本，读起来就被震撼了！后来温伯格的每一本科普书我都读过，除了金庸的武侠小说，我读的最多的就是温伯格的科普书。如果有人让我推荐科普书，我推荐的单子上必有温伯格的著作。前段时间，我在微信朋友圈里一位朋友的帖子下，就评论了温伯格是最棒的科普作家。

读温伯格的科普书，不会让读者直接变成物理学家，但是可以让读者欣赏科学，欣赏科学的追求，科学的逻辑，科学的美。即使是对于从事科学研究的人来说，读温伯格的科普书也会有茅塞顿开的感觉，反正对我是这样，我从温伯格和 2017 年的诺贝尔物理学奖得主基普·索恩的科普书里都理解了不少我以前不理解的科学，甚至还受启发找到了一个广义相对论的小小研究课题，这个课题算是我的一个业余爱好，已经持续做了十几年，发表了几篇论文，现在我还在不断地思考，估计还可以继续做很多年。

那么温伯格的科普书到底好在哪里？我觉得是深刻与直白的和谐统一。他讲的主题都是极为深刻的，宇宙的起源与演化、物质最深层次的结构和规律、物理规律最终的统一，但是他用的语言却是直白无华的，没有晦涩难懂的理论，更不用让人"一脸蒙圈"的数学，逻辑清晰，文字简洁，体现了理论物理大师的"简约"审美观。而按照温伯格对哥白尼提出的日心说的解读，日心说正反映了哥白尼的"简约"审美观，与此相比，托勒密的"地心＋本轮"说则是极为复杂。去繁化简是物理学在认识自然的过程中去伪存真的主要精髓之一，大道至简正是这些大师的追求。

我喜欢读温伯格的书，一个重要的原因是我可以学到历史和历史观。我在一篇科普文章里面提到，是伽利略发明了天文望远镜之后，用他的望远镜所做的一系列精确观测，给地心说的棺材敲上了最后一颗钉。杂志社的编辑给我来信说，我的这个说法和科学史界的共识不同，科学史界普遍认为，是牛顿推导出来了开普勒三定律，终结了地心说。我回信说，我的这个说法来源于温伯格的论证。杂志社最终同意了我在文章里面保留这个说法。温伯格解读科学史采用的是辉格史观，也就是根据对今天的科学的影响来理解和评价科学史的人物和事件，我特别认可。也正是这个逻辑，尽管其他文明在历史上也有和古希腊类似的一些早期科学的学说（比如中国古代的阴阳五行就与亚里士多德的四元素说有类似之处），但是最终对于今天的科学真正发生了实质影响的是古希腊文明。我在我的拙著《极简天文课》里面把天文学史概括为人类认识宇宙的七次飞跃，就是采用的辉格史观。

实际上，在中国文化的观念里面，恐怕辉格史观是占主导地位的，我们评价历史人物或者历史事件的时候，一方面不可避免地会用我们今天的价值观做判断，另一方面我们更加重视历史对今天的影响。如果不考察历史和当下的关系，我们恐怕难以梳理清楚人类的思想史、文化史、文明史等历史。除了这些我们通常从当下去解读去理解的历史，历史还剩下什么呢？我们评价某个人物或者事件有"深远的历史影响"，不正是辉格史观的表现吗？历史与当下的关系，温伯格认识得非常清楚。然而，温伯格采用辉格史观，却广受历史学家（包括科学史家）的批评。温伯格就在这本书里对他为什么采用辉格史观做了逻辑清晰的论述，很值得读。

并不是温伯格的所有观点我都赞同，比如他反对载人航天，我就不赞同。我在美国生活和工作了二十多年，我认为载人航天带给美国人、美国社会甚至全世界青少年的，绝不是直接的科学、技术甚至商业的回报所能够测算的。同样，中国的载人航天对青少年的激励和带给我们中国人的文化自信的价值都是不可估量的。尽管如此，温伯格反对载人航天的理由也非常值得我们仔细思考。

张双南

中国科学院高能物理研究所粒子天体物理中心主任、中国科学院大学教授

2021 年 11 月 28 日

推荐序三
了解和理解世界

———————————

　　斯蒂芬·温伯格教授是当代最杰出的理论物理学家之一，对量子场论、粒子物理和宇宙学做出很多贡献。1967 年，他提出了弱相互作用和电磁相互作用的统一理论，后来被称为电弱统一理论，成为粒子物理标准模型的一部分。他因此分享了 1979 年诺贝尔物理学奖。

　　温伯格于 1954 年获得康奈尔大学学士学位，1957 年在普林斯顿大学获得博士学位。1972 年，他成为哈佛大学尤金·希金斯讲座教授。1982 年以后，他是得克萨斯大学奥斯汀分校的杰克·S. 乔西-韦尔奇基金会讲座教授。

　　温伯格也是最吸引读者的、最受尊重的、杰出的科学传播大师之一。因为写作上的成就，他获得 1999 年刘易斯·托马斯科学写作奖和 2009 年詹姆斯·乔伊斯奖。他于 2020 年获得的科学突破奖特别奖除了"奖励他对基础物理持续的领导，对粒子物理、引力和宇宙学的广泛影响"，也奖励他"对广大公众进行科学传播"。

温伯格做过很多公众演讲，写过很多科普文章和杂文，出版过很多书，涉及面极广，包括天文学、宇宙学与物理学、物理学家、科学史、还原论、科学论战、公共事务、政治、宗教、给学生的建议、个人经历，等等。

温伯格 1977 年出版畅销书《最初三分钟》，为大爆炸宇宙学在科学家和公众中的传播起到了历史性作用。1982 年，他又出版了《亚原子粒子的发现》，内容来自他此前的两年中在哈佛大学和得克萨斯大学奥斯汀分校的两次物理学史课程。他在序言中指出，20 世纪物理学的发现已经是文化的一部分。

1986 年，费曼和温伯格在剑桥发表了纪念狄拉克的演讲，两人的演讲分别是"反粒子的理由"和"寻找物理学的终极定律"，被汇集成《基本粒子和物理学定律》。

温伯格将后来的公众演讲和报刊文章汇编为三本文集——《仰望苍穹》《湖畔遐思》以及这次的《第三次沉思》，基本对应他 2000 年之前、2000—2008 年和 2009—2018 年三个时期的作品。用他自己的话说，他的演讲和文章清晰展示了他作为"理性主义者、务实者、还原论者，以及虔诚的世俗之人"的思想。

温伯格仅在 1978 年访问过中国。2020 年，我邀请温伯格，于 10 月 24 日通过中国科学技术馆的平台，做了一次面向全网直播的公众演讲，题目是"极大和极小"。我担任现场翻译，也和他进行了对话。这是他第一次面向中国听众的公众演讲。

活动开始时，我特意向观众展示了一本《第三次沉思》英文版图书，并问温伯格教授，书名的意思是不是"第三本文集"，得到了肯定的答复。

最后，温伯格寄语中国的公众，特别是青少年，总结了他几十年工作中的心态——

作为一位物理学家，回顾 20 世纪 50 年代开始的几十年工作，那是非常大的乐趣。时不时发现一个理论想法，促成开展证实这个想法的实验，或者解释已知但似乎奇怪的东西，这是多么令人激动。但并不总是这样愉快，很多时间花在了行不通的想法上。我经历的失败多于成功，这在科学工作中是典型的。但是少数的成功弥补了其他的不成功。所以要坚持工作。

我很高兴现在将这段话转达给这本书的读者，也很高兴向大家推荐《第三次沉思》这本文集。

与前两本文集一样，温伯格的很多散文起源于演讲，然后写成文章，多半发表在《纽约书评》上。所以我们现在读这些文章，就像在听温伯格娓娓道来，不知不觉，增加了对于世界的很多方面的了解和理解，特别是对于科学，也促进我们去思考这些问题。

这本书被粗略分成四个方面：科学史、物理学与宇宙学、社会观评和个人遐思。

我先介绍一下"科学史"部分里的几篇文章。

阅读《天文学的用处》，就像当初游船上的听众，听温伯格发表这个演讲，了解从古至今天文学与人类文明的关系，二分二至这样的生活知识，以及天文学对于海上航行的用处，等等。这篇文章后来成了《给世界的答案》一书的第六章的基础。

在《发现的艺术》中，温伯格向各种背景的听众解释物理学家怎么做研究，怎么发现研究的问题所在，以及现在粒子物理实验的情况。

如标题所显示，《始于卢瑟福的粒子物理发展史》介绍了从卢瑟福发现原子核开始，粒子物理的发展历史。而《标准模型的兴起》介绍了宇宙学标准模型和粒子物理标准模型这两个标准模型的发展历史，强调了这两个领域的关系和融合趋势。出于谦虚，温伯格没有提起，这两个"标准模型"之名都是他起的。

《长的时间和短的时间》是温伯格为另一位理论物理学家特·胡夫特的书所写的序言，谈了极长和极短的时间尺度。此文让我想起温伯格应我之邀所发表的公众演讲"极大和极小"，关于极大和极小的空间尺度。二者正好是关于时间和空间两个方面。

在《关注当下——科学的辉格史》和《科学的辉格史：一次交流》中，温伯格指出从当代的角度评判历史，即辉格史观，在科学史上是有一席之地的。这是因为科学的目的是理解世界，追求真理，科学上有对错。之所以有这个问题的讨论，是因为他自己的书《给世界的答案》体现了这样的观点。最近两年我开设了科学史课程，用温伯格的这本书作为主要参考书，我非常喜欢这本书，赞赏他的观点。

在"物理和宇宙"部分，温伯格介绍了基本粒子、宇宙、对称性和希格斯玻色子这些核心概念。温伯格本人对这些议题的研究做出过重要贡献。在《量子力学的麻烦》中，温伯格介绍了量子力学中，关于测量中的概率，包括温伯格在内的很多物理学家还觉得不满意。

在"社会观评"部分，温伯格对太空项目、大科学、总统竞选、税率、载人航天以及怀疑主义发表了自己的看法。在"个人遐思"部分，温伯格回忆了自己学生时代的经历，谈了科学写作，以及理论物理学家和创造性艺术家的工作方法上的相似（这是他获得詹姆斯·乔伊斯奖时发表的获奖演讲）。

2021 年 7 月 23 日，温伯格在奥斯汀仙逝，终年 88 岁。想起前一年网络演讲对话结束时，温伯格欢迎我再去得克萨斯，深感怅然。

从这本书中的《安息于得州的教育家和学者们》一文的按语中，我们了解到温伯格将葬在奥斯汀的得克萨斯州墓园。温伯格在文中写道：

> 教育者们大概不会拥有可以和"得克萨斯之父"斯蒂芬·奥斯汀或者美国内战时的南方首任两线总司令阿尔伯特·西德尼·约翰斯顿纪念碑比肩的墓碑，但是至少他们可以安息在此，为得州科学与学术的繁荣给出无声的证明。

安息吧，温伯格教授，您也为得州科学与学术的繁荣做出了杰出的贡献。

在这本书前言中，温伯格坦诚地提前向读者致谢："我希望这不是最后一部文集。不过……"

让我们品味这本书，作为对斯蒂芬·温伯格教授的纪念吧。

施郁
复旦大学物理学系教授、理论物理及物理学史研究者

终极理论之梦：温伯格一以贯之的科学写作主线

温伯格是那种既能在自己的专业领域取得顶尖成就，又能面向公众清晰表达自己观点的少数科学家之一。标志其专业领域顶尖成就的，是他因提出电弱统一理论——统一了电磁力和弱相互作用力——而分享了 1979 年的诺贝尔物理学奖；肯定其面向公众进行科学写作成就的，莫过于他获得了 1999 年洛克菲勒大学的刘易斯·托马斯奖。

刘易斯·托马斯奖授予那些"他们的意见和观点能向人们揭示科学的美学和哲学维度，不仅提供新的信息，而且还能像诗歌和绘画一样引起人们的沉思甚至启示"的科学家作者。温伯格因"在充满热情地、清晰地传达基础物理学的观念、历史、解释力和美学维度方面所取得的杰出成就"而获得该奖，代表作便是他为普通读者写的《最初三分钟》和《终极理论之梦》。获得刘易斯·托马斯奖的科学家又被称作"诗人科学家"，这个称号在肯定他们写作技巧的同时，也充分概括了他们对科学的美学和哲学层面上的思考。在温伯格的这些作品中，以他对文字的娴熟驾驭和文字中流露出的对物理学的热情来说，是无愧于"诗人科学家"的称号的。

温伯格还经常在诸如《纽约书评》《科学美国人》等一些大众媒体上发表一些阐明自己对科学的看法和观点的文章，这些文章先后分三次结集出版。前两本文集分别是《仰望苍穹》和《湖畔遐思》。

《第三次沉思》是第三本文集。跟前两本文集一样，书中的大部分文章都曾刊登在《纽约书评》等期刊上。在这些文章中，温伯格以一贯优美、生动的文笔，清晰地表达了自己是一位理性论者、还原论者、实在论者和非宗教论者，致力于在公众、政客和被他称为"科学的文化对手们"面前为科学辩护。

《第三次沉思》一共收录了 25 篇文章，一改前两本文集按照文章发表时间排列的做法，先把所有文章按主题分成 4 个部分，然后在每个部分中，文章按照发表时间排序。这 4 个主题分别为"科学史"、"物理和宇宙"、"社会观评"和"个人遐思"。

"科学史"部分一共收录了 8 篇文章。按照第 1 篇文章《天文学的用处》开头的说法，"几年前，我决定要更多地了解科学史，所以很自然地，我主动请缨来教这门课"，可见温伯格对科学史是有较为长久的兴趣并主动接近这门学科的，他通过教授一门科学史课程的方式来了解科学史。这门课程的讲义经过整理也出版了，正是《给世界的答案》。

《给世界的答案》并没有像往常一样给温伯格带来一致好评，甚至招来了一些尖锐的批评。原因是温伯格在书中主动贯彻辉格史观。自从英国历史学家巴特菲尔德在 1931 年对"历史的辉格解释"做出批判之后，避免用当下的观点去评价历史上的事件和人物是史学界包括科学史界自觉遵守的"政治正确"做法。在历史研究中，学者们应该尽量避免"年代误植"和"目的论"的错误，也就是不应用譬如 20 世纪的科学观点去评价公元前 5 世纪某个古人的观点是错的或者对的，也不应因为这位古人的某些探索没有沿着我们当今认为正确的科学方向前进就认为他的工作毫无价值。科学史的研究不应简单地把科学的历史描述成以今天的标准看来是进步的历史。而温伯格却说："我早就知道这种进步的故事已经不时兴了，并且我有意对科学史采用了常被诟病为'辉格解释'的方法。"这就不可避免地带来了争议。《第三次沉思》中至少有两篇文章是回应这种争议的：第 7 篇《关注当下——科学的辉格史》和第 8 篇《科学的辉格史：一次交流》。

温伯格不是职业科学史家，作为一名科学家，对科学史做出"辉格解释"，是可以理解的，甚至是深深契合于他的以还原论立场为基础的"终极理论之梦"的。如果古往今来的一切科学探索，就是为了"了解自然中一切规律（非历史偶然性的一切）是如何遵循几条简单定律"的，那么那些历史上的社会、文化、宗教、政治、经济等诸多因素与科学的纠缠就显得微不足道了。也正是在这个意义上，温伯格认为，"不论在其他各类历史中人们如何看待辉格史观，在科学史上它是有一席之地的"。也正是在这个意义上，温伯格把提出各种科学史观，尤其是后现代科学史观的职业科学史家们看作"科学的文化敌手"。对于那种把科学史描述成"在科学理解上没有进步，而只有风尚或习惯"的科学史观，温伯格是断然不会接受的。

对于林德伯格所说的，"对于一个哲学系统或者科学理论的恰当评估，并不是它在多大程度上预见了现代思想，而应该是它处理当时的哲学与科学问题时的成功程度"，温伯格直接斥责为"一派胡言"。在一篇为回应争议而写的文章中使用如此犀利的措辞表达如此鲜明的观点，无疑又为他招来了更多的争议。

"物理和宇宙"部分一共收录了 6 篇文章。在该部分，温伯格一如既往地用他深入浅出的笔触向公众普及基本粒子的标准模型和宇宙学的大爆炸模型。作为一位还原论者，温伯格始终坚守他的"终极理论之梦"而没有放弃，但是他清楚地认识到"还没有找到最终的答案"。"标准模型也很明显不是终极理论。它的方程包含很多数字，比如各种夸克的质量，这些数字只能通过实验测得，我们不理解为什么会是那样的数值。而且，标准模型并不包括人类了解时间最长也最熟悉的力——万有引力。"但无论如何，标准模型是有它的生命力的，它预言的希格斯玻色子被欧洲的 LHC（大型强子对撞机）找到就是明证。作为曾经深入参与构建标准模型的粒子物理学家，温伯格对希格斯玻色子的发现当然是乐见其成的。对于寻找和发现新粒子的消息引起的公众关注，温伯格应媒体之邀写了两篇文章，分别被收录为第 12 篇文章和第 13 篇文章。

对于宇宙学，温伯格早在 20 世纪 70 年代就写了《最初三分钟》来介绍大爆炸学说。他当然也关注此后的宇宙学进展，对于暴胀理论、M 理论、暗物质、暗能量等现代宇宙学中的流行理论和概念，他在多篇文章中都有所涉及。第 10 篇文章《我们仍不了解的宇宙》是应《纽约书评》之邀，为霍金等人所著的《大设计》写的书评。对于霍金等人在书中提到的"多重宇宙""人择原理"等新奇理论，温伯格表达了一定程度的宽容，他说"我们并不知道多重宇宙的概念是否正确，但它并不疯狂"。从暴胀理论出发，可以导出多重宇宙。"膨胀的宇宙中形成了很多泡泡，每一个都变成了一个大或者小的爆炸，我们称为自然常数的那些数值可能在每一个泡泡里都有所不同。"如果这些推测属实，那么"要想为我们在大爆炸中观测到的夸克质量和标准模型中其他常数的精确值找到一个合理的解释，就不太可能了，因为它们的取值仅仅是一个巧合，刚好发生在多重宇宙中我们所居住的这个部分"。不知道温伯格写下这些句子时是否有一丝失落？曾经断言"终极理论"快要获得的霍金后来放弃了对"终极理论"的追求，而温伯格一直在坚持。但如果多重宇宙的理论为真，那么所谓的"终极理论"也只是无数个宇宙常数的偶然组合，失去了它必然性的意义。"我们在寻找的理论可能并不存在"，在一段文字的结尾，他发出了这样的疑虑。

在无数个宇宙中，只有那些拥有正确的宇宙常数组合的宇宙，才可能演化成一个成熟的宇宙，并产生智慧生物来探索这个宇宙本身。这就是所谓的人择原理。对于霍金等人用人择原理来排除上帝在宇宙中的位置这一做法，温伯格是深表同意的。温伯格表示，他"并不担心物理学家会太满足于人择原理，并放弃寻找第一原理——能够解释我们所观测到的一切的原理"。然而，这多多少少会动摇人们对"终极理论"的信心。所以温伯格也说道，"这样粗糙的人择原理的解释并非我们在物理学中所希望得到的，但可能我们不得不满足于此。物理学的历史性进展并不只是发现自然现象的精确解释，也包括发现哪类事物可以被精确解释。这些可能比我们曾经认为的要少"。或许，多重宇宙和人择原理可以看成是给温伯格的"终极理论之梦"注入的一剂清醒剂吧！

"社会观评"部分一共收录了 6 篇文章。这些文章致力于向公众解释基础科研的重要性，并抨击美国的某些科技政策。在这里，温伯格毫无疑问是有自己的立场的。在经费有限的情况下，他希望有限经费能够向基础科学，特别是基本粒子物理学倾斜。所以对于已经花费10 多亿美元的 SSC（超导超级对撞机）项目下马一事，他表达了深深的失望，在多篇文章中对决策者的短视行为做出了尖锐的批评。相比于花费数十亿美元就有可能圆他的"终极理论之梦"的项目被下马，那些花费动辄上千亿美元的项目却在吸引大众的眼球，温伯格对此发出了旗帜鲜明的反对声音。这千亿美元级项目就是载人航天。温伯格在多篇文章中表达了他反对载人航天的观点。"令很多科学家尤为恼火的，是 NASA 的一个耗资巨大而且常常伪装成科学的项目。我指的当然是载人航天项目。"在该部分有一篇文章的题目就是"反对载人航天"。温伯格认为载人航天为了维持航天员在太空中生存，所以耗资巨大，但这毫无必要。他指出，迄今为止所有在太空中取得的科技成果，都无须人的参与，用机器人就可以完成。一个载人航天任务的花费，可以用来发射多个探索宇宙射线和基本粒子的探测器。载人航天项目导致多个这样的探测器发射计划流产。在这部分的文章中，温伯格多多少少有点立场决定观点的味道，但我们仿佛也看到了，在美国这样一个充满科学和政治学各种争斗的现实中，温伯格为了实现他的终极理论梦想而奔走呼号的身影，苍老而坚定，令人敬佩。

"个人遐思"部分一共收录了5篇文章。这些文章主要是关于温伯格与公众之间就科学以及相关问题发生的一些互动，有温伯格个人的科学写作体验，也有在颁奖仪式和荣誉学位受聘仪式上的讲话。其中第22篇《科学写作》是应伦敦《卫报》之邀而写。当时《给世界的答案》在英国出版，温伯格写此短文与英国读者谈论科学写作的困难，也回顾了他自己的科学写作历史。在文中，温伯格特别提到："我非常尊重专业科学史学家，我从他们那里学到了很多，但我的书和某些史学家比起来，不仅对亚里士多德采取了更冷静的观点，而且对其他一些标志性人物也一样，如德谟克利特、柏拉图、阿维森纳、格罗斯特、培根和笛卡尔。"温伯格在强调他尊重职业科学史家的同时，继续为他的辉格史观辩护。对于科学写作的目的，有人为了赢得尊重，有人为了谋生。温伯格提到，面向公众的科学写作，可以让他

"暂时离开理论物理研究的象牙塔，并与外面更广阔的世界接触"。在接受纽约州特洛伊市伦斯勒理工大学名誉博士学位仪式上的讲话中，温伯格谈道，"了解到自己在某件事情上错了，是有深刻教育意义的"。他以自己为例，说他还是研究生的时候，听说李政道和杨振宁提出自然法则在左和右之间的基本对称性可能只是近似的，他以为这太奇怪了，自然法则不会这样。"随后实验表明，放射性衰变中发射的叫作中微子的粒子总是自旋向左，永远不会向右。不需要更多证据，即使对我来说也已经非常明显，我错了。"在这些可以用实验证实或证伪的科学问题上，温伯格的认错是很干脆的。但是要他放弃还原论立场、否定辉格史观，恐怕就不那么容易了。即便是在接受都柏林大学文学与历史学会授予他的詹姆斯·乔伊斯奖的颁奖仪式讲话中，他也不忘强调，"我们的全部目标就是将整个自然还原为一个简单的终极理论"，"我们正在努力通过发现一个终极理论来让我们自己没事可做"。

《第三次沉思》虽然收录了 25 篇文章，分成 4 个主题，但全书基本上贯穿着一条中心线索，那就是温伯格为实现"终极理论之梦"而做出的种种努力。如果科学的进步只是为了实现这个梦想，那么科学史无疑可以是一部辉格史。载人航天、SSC 项目下马等，这些妨碍"终极理论之梦"实现的项目政策，无疑是要被批判的。全书一以贯之的亮点，就是温伯格一如既往的优美文风：流畅的文笔、鲜明的观点、犀利的言辞。

最后值得一提的是，《第三次沉思》每篇文章之前都有温伯格为文集出版撰写的一段短文，用于说明该文的写作缘起，这对了解温伯格的科学写作历程，乃至对其本人开展研究，都是很有史料价值的。

一个多月前，温伯格去世了，如今通过这些文章，回顾他对终极理论的坚守，体会他数十年坚持面向公众进行科学写作的执着，无论是否同意他的观点，都令人肃然起敬。

钮卫星

中国科学技术大学科技史与科技考古系教授

2021 年 8 月 29 日

推荐序五
超越时光的精神遗产

在我的文字里，最早提到美国物理学家斯蒂芬·温伯格的是《中学时代》一文。在该文中，我回忆了小时候从科学出版社邮购温伯格《引力论和宇宙论》一书的情形："寄出书款后整整隔了三个月才收到书，害得我天天到传达室查询，还数度写信催问。"那段回忆中所提到的《引力论和宇宙论》是温伯格的第一本书，是一本专著，问世于1972年，简体中文版出版于1980年。买那本书的时候我其实还看不懂那样的专著，只是在读科普读物时见人援引过。但是，"引力论"和"宇宙论"那样的字眼对小时候酷爱物理和天文的我是有魔力的，在我面前援引《引力论和宇宙论》，就如同拎一袋金币晃出点声响给我听，让我在艳羡之下，终于有了"天天到传达室查询，还数度写信催问"的邮购之举。

《引力论和宇宙论》到手后，尽管我还看不懂，仍时常翻看——既看那些认得的文字，也翻那些认不得的方程式。在很长一段时间里，那本书是一个让我憧憬的目标，引导我去自学那些为读懂那本书而必须掌握的数学、物理、天文方面的预备知识。那段钟爱一样东西，努力去接近，试图去懂得，为趋近目标的每一个脚印而激动的时光，如今回想起来，是幸福的。我后来曾在一条微博中写道：

> 很怀念看不懂微积分的年代（那时曾跟一位朋友戏称积分号为"海马"），摩挲着那些看不懂的书，满怀憧憬；也怀念刚学会微积分的感觉，仿佛攀上一座山崖，看见了天边的霞光。

转眼几十年过去了，昔日的书大都散落在岁月里，了无踪影。但那本压膜精装、草绿色素雅封面的《引力论和宇宙论》却被我不远万里带到美国，珍藏在了书房里。

温伯格的第二本书——也是我读的第二本温伯格的书——是《最初三分钟》，问世于 1977 年，简体中文版出版于 1981 年。《最初三分钟》是科普读物，所以是第一本我原则上可以看懂的温伯格的书。之所以只是"原则上"，是因为那虽是科普读物，"原则上"没什么门槛，但限于自己的眼界，我对书中内容的理解并不是"一步到位"的。

比如，书中最深刻，或许也最著名的一句话，"宇宙越是看上去可以理解，也就越显得无目的"，是我到美国念书后才留下印象的——那句话只有在像美国那样宗教思维盘根错节的背景里，才最能显出分量，显出它跟宗教强加于宇宙的目的性分道扬镳的意义。

这也是温伯格科普作品的一个令我极为欣赏的特点，即不以内容的幼稚化作为科普之途径。那样的科普，给人一种作者既是向导也是朋友的亲切感；那样的科普，不仅没什么门槛，而且没有"天花板"，无论什么背景的读者——哪怕科学家——都不仅能读，而且能被吸引，能有所思考，甚至有所收益。比如《最初三分钟》的读者中就包括了物理学家弗里曼·戴森，而且戴森并不只是泛读，而是读得很细致，细致到跟温伯格展开了争论。

在美国念书期间，我有幸"见证"并第一时间购买了温伯格的三卷本著作《场的量子理论》，也读过他的《终极理论之梦》。之后，尽管已毕业离校，人生方向也有了大的转变，但我对温伯格书的喜爱有增无减，追随并集齐了他的书，甚至到网上追看了他的演讲和访谈（我还记得第一次在网上看到他拄着拐杖走上讲台时受到的震动——因为在我的记忆里，温伯格几乎被定格为了早年相片上的形象）。

从著书的角度讲，温伯格不算高产作家，却也许是精品比例最高的科学作家之一。我自认挑书的眼光是苛刻的，但温伯格的每本书都让我爱不释手。由于不算高产，温伯格的书每每让我感觉来之不易，从而格外珍视。他后期的科学史著作《给世界的答案》和随笔集《仰望苍穹》《湖畔遐思》，以及此次推荐的《第三次沉思》，甚至让我因珍视而形成了一种新的阅读模式，即将最喜爱的书留到旅途中来读（旅游之于我，从此成了观景和阅读并存的享受）。在以这种阅读模式读完《给世界的答案》之后，我写过一篇题为"书林散笔：科学的征程"的品读兼推荐，在其末尾，我曾这样描述该书及这种阅读模式带给我的快乐：

> 由于是在赴加勒比旅游的游轮上阅读的，对这本书的记忆与旅途中吉他手的乡村歌曲、爱尔兰咖啡的清香，以及加勒比的碧海蓝天融合在了一起，更有一种深深的陶醉——这大概算我的"独得之秘"吧。

这种陶醉也体现在读此次推荐的《第三次沉思》的过程中。温伯格在此书的前言中表示，按照他的写作速度，大约每隔10年才能结集出一本随笔集。这个说法虽略有夸张，但温伯格的前两本随笔集相隔7年，与第三本随笔集相隔8年，这对喜爱他的读者来说，确实太漫长了。这种漫长甚至让我一度陷入梦境——有我2015年的微博为证：

> 美国物理学家温伯格出过两本科学随笔集，我都有。前段时间有印象在书店见过他新出的第三本随笔集，但暂未买。直到一周前见到他的新书《解释世界》（《给世界的答案》），才忽然想起：他怎么可能连出两本书？于是到网上查，结果印象中的"第三本随笔集"系子虚乌有，看来是一个梦——我做过的最乱真的梦！

此为一周前的事，本没打算写出来，但碰巧读到张宗子的一本书：《不存在的贝克特》，其中写到某年他告诉国内友人《贝克特选集》第六卷出版了，嘱代买。但对方死活找不到，最后他发现那只是自己的一个梦。别人把梦写进书里，还做了书名，我写条微博当不为过……

这应该算不折不扣的"梦寐以求"吧。在那个"最乱真的梦"4年之后，才终于"梦想成真"地迎来此次推荐的《第三次沉思》，也就是"第三本随笔集"，我无疑是非常欣喜的。而我竟能沿袭将最喜爱的书留到旅途中来读的阅读模式，直到前不久赴加州旅游时才通读此书（当然，之前其实已读过几篇，只是忍住了没通读），实在不得不佩服我自己。

读《第三次沉思》的经历原本该是跟在游轮上读《给世界的答案》一样的快乐，却不幸被一份悲伤打断了：2021年7月24日清晨，仍在加州的我从几个不同渠道得知了温伯格去世的消息。

忘了是在哪篇文章中读到过几句话，大意是说某位作家去世时，有人评论说整个城市都因此黯然失色。得知温伯格去世的那个清晨，我又想起那几句话，因为世界在我眼里骤然寂寞了几分。这些天来，是《第三次沉思》里的一篇篇文章，伴我度过了一个个清晨和夜晚的闲暇。

这些年来，温伯格对社会事务的评论，对宗教直言不讳的批评，在我看来是美国社会的空谷足音。从此，这样的声音将少掉一种，这样的智者将少掉一位。

幸好我们依然拥有温伯格的书——一份超越时光的精神遗产。而《第三次沉思》作为他生前出版的最后的随笔集，作为智者的"第三次沉思"，无疑是这份精神遗产的重要组成部分。在这本书里，有温伯格一如既往的渊博、精辟，清晰、直率。其中，我觉得值得特别指出的是两篇有关科学史的文章：《关注当下——科学的辉格史》和《科学的辉格史：一次交流》。这两篇文章都跟温伯格的科学史著作《给世界的答案》密切相关，因为都是这本书引发的。

普通读者可能对这两篇文章标题里的辉格史不甚了解，为了让这篇推荐"自给自足"，在这里结合温伯格的观点略做介绍：所谓辉格史，简言之就是用现代标准评判历史。这个概念问世于 1931 年，是英国历史学家赫伯特·巴特菲尔德提出的，距今已近一个世纪。在历史研究领域，辉格史被普遍视为错误视角。历史学家一旦被扣上辉格史的大帽子，几乎就跟普通人被归为性别歧视者一样严重——也许是因为用现代标准评判历史被认为有"歧视"历史的意味。然而，在我看来，温伯格非常敏锐而正确地指出，科学史跟诸如艺术史、文学史、宗教史乃至社会史等有一个很大的区别，那就是科学是演进的，科学上的对错、科学理论的优劣是有客观判据的。我们不能无争议地宣称某位现代艺术家的作品胜过达芬奇的作品，或某位现代作家的作品胜过莎士比亚的作品，却可以完全有把握地知道相对论力学胜于牛顿力学，或量子理论胜于古希腊原子理论。之所以如此，正是因为科学的演进赋予了现代标准鲜明而客观的优越性。从这个意义上讲，在科学史领域，用现代标准评判历史非但不是错误视角，而且有助于看清科学的历史脉络，看清科学如何以及为何能一步步走到今天。

温伯格的《给世界的答案》正是一部毫不避讳地采纳了辉格史观的书。也正因为这个缘故，科学史学界对这本书的反应相当激烈。事实上，在辉格史这顶大帽子将近一个世纪的笼罩下，科学史学界乃至科学哲学界已在一定程度上形成了"避嫌"传统：注重历史的局部，避谈大视野（因为大视野容易涉及不同时期的评判标准），避谈科学的演进（因为科学的演进容易引出现代标准的优越性），甚至干脆否认科学的演进（从而一劳永逸地铲除现代标准的优越性）。比如美国科学哲学家托马斯·库恩就否认科学进展存在趋向性，主张不同时代的科学有相互间无法比较和评判的标准——他称之为范式。这种对亲身参与和推动过科学演进的真正科学家来说错得很离谱的观点，在科学哲学界却被视为了经典。温伯格的《给世界的答案》与那样的"避嫌"传统及那样的经典背道而驰，焉能不引起激烈反应？但也恰恰是这种激烈反应，反衬出了与之针锋相对的《给世界的答案》的重要性。而收录在《第三次沉思》中的这两篇文章由于对这种针锋相对做了更清晰、更精彩、更直率，并且也更针锋相对的阐述，故而值得特别指出。

除这两篇有关科学史的文章外，温伯格作为功绩卓著的物理学家、作为电弱统一理论的奠基者之一及 1979 年诺贝尔物理学奖得主，他的书——哪怕是像《第三次沉思》这样面向大众的随笔集——显然少不了物理方面的文章。我在前文说过，温伯格科普作品的一个令我极为欣赏的特点就是不以内容的幼稚化作为科普之途径。收录在《第三次沉思》里的物理方面的文章也不例外，虽是科普，却可以从中读到一些在其他科普读物，乃至某些专著或教材中都读不到的有关现代物理的精辟概述（且附有适度的说明）。比如，与量子力学及相对论相容的任何理论在足够低的能量下都将类似于量子场论；偶然对称性发源于这样一个事实，即基本粒子的公认理论倾向于取特别简单的形式……被称为"可重整"理论；使理论不可重整的相互作用尽管很可能被高度抑制，却并非不可能；标准模型只是一个有效场论；等等。对有志于物理或试图理解现代物理的读者来说，这些概述的信息量是非常大的，哪怕不足以醍醐灌顶，也起码是未来学习的向导。

对《第三次沉思》的推荐就写到这里。读者也许会觉得这篇推荐真正谈论《第三次沉思》的篇幅太少，谈温伯格的其他书，乃至谈我读温伯格书的个人历史却太多。这个观感是准确的，但我希望它道出的不是本文的缺陷。本文之所以这么写，是出于这样一个原因，即试图通过我读温伯格书的个人历史来告诉读者，温伯格的书，无论是我尚不能读懂时就翻看过的专著，还是自信已远远超越读者平均水平时才读到的科普读物或随笔，都不仅让我有过收益，而且让我享受过阅读的快乐。在我数十年的读书生涯中，这样的作者是很少遇见的，这是我喜爱温伯格的根本原因，也是推荐《第三次沉思》的深层缘由。

当然，本文之所以这么写，还有另外一个——且并非更不重要的——原因，那就是试图通过对我读温伯格书的个人历史的回溯，来缅怀这位让我敬仰的现代学者。

谨以本文纪念斯蒂芬·温伯格。

卢昌海

科普作家

2021 年 8 月 29 日

目 录

Ⅳ **个人遐思**

前言

本书英文版是由哈佛大学出版社出版的，是我写给大众读者的第三部文章合集。其中一些文章是在抨击一些话题，比如不平等造成的危害、载人航天项目的愚蠢、某些流行的历史写作方式是多么固执、全球变暖的危险，以及对包括基础科学在内的公众利益予以支持的重要性等。一如往常，它们反映了一个理性主义者、务实者、还原论者，以及虔诚的世俗之人的视角。

其他文章旨在通过非专业性的语言解释现代物理学和宇宙学的不同方面和历史。某些地方添加了脚注来澄清最初发表时可能含糊的内容。恐怕读者会看到一些科学话题在不同文章中反复出现，包括对称破缺、弱核力、强核力、早期宇宙、多重宇宙。这是不可避免的——这些话题如今依然萦绕在许多物理学家的脑中。

和我的前两本文集《仰望苍穹》《湖畔遐思》一样，本书中的大部分文章都曾刊登在《纽约书评》等报刊上。第20、23、25篇是在大学毕业典礼上的简短演讲，还未发表过。第24篇此前也没有发表过，因为所有读过的人都不赞同其中看法，但我很喜欢它，所以收录进来。

　　在本书中，一改以往文章合集按照时间顺序排列所有文章的做法，我先是将文章分成四大类，然后在每一类中再按照时间顺序排列。但是，不需要把这些类别太当回事。在第一部分讨论历史的过程中，我也不得不对物理学和天文学的一些方面进行解释。在第二部分，为了能讨论物理学和天文学，我也免不了对其历史进行描述。在第三、四部分讨论公共和个人事务的时候，科学及其历史也会不时出现。

　　我深深感谢帮助将这些文章带给广大读者的编辑们。特别要感谢的，有迈克尔·费舍尔，是他首先建议哈佛大学出版社将我的文章合集出版；还有杰夫·迪恩，他给了我很好的建议，并且一直跟踪本书直到出版；还有已逝世的罗伯特·西尔弗斯，他以无尽的技巧和耐心改进了我在《纽约书评》上发表的文章。借此机会，我还要特别感谢我的妻子露易丝·温伯格。她从法律写作中抽出时间，阅读了本书中大多数文章的初稿。本书以及《仰望苍穹》和《给世界的答案》中的很多文章的标题是她取的。是她建议将格里姆肖的画作用作本书英文版的封面，并且在重新安排素材方面给出了宝贵的建议。她的帮助使本书避免了很多含糊和幼稚之处。

从过往经验来看，以我的写作速度，似乎需要大约10 年才能产出足够的文章组成一本合集。但我仍然希望这不是我的最后一部文集。不过，精确计算现实之后，我想大约是时候多说几句，感谢读者们这么多年来一直容忍我的抨击和阐释，也因此给了我一个宝贵的机会，去接触物理之外的世界。

I

科学史

01 天文学的用处

　　这篇文章脱胎于我乘坐"海云"号游艇巡游爱琴海时在甲板上所做的演讲。乘客大多是来自美国奥斯汀市的朋友，正在参观古老世界的遗址。为了贴合这次航行的精神，我主动做了一次晚间演讲，话题是我当时刚为之着迷的古希腊天文学。

　　几年之后，在奥斯汀市的哈里·兰塞姆中心演讲时，我讲了同样的内容。哈里·兰塞姆中心在文学和其他艺术的相关资料方面有一流的收藏，并不太注重科学领域。然而，2009年9月，它却举办了一场名为"其他的世界：罕见的天文学著作"的宏大展览，展品包括哥白尼和伽利略著作的早期版本。作为一个热心的科学史爱好者，当我受邀做一次晚间演讲来庆祝这一展览时，我非常高兴。另外让我很高兴的是，能够有机会抨击我一直不喜欢的一件事情——美国国家航空航天局（NASA）浪费严重的载人航天项目。

随后我将自己在哈里·兰塞姆中心的演讲的文字版本发给了《纽约书评》的罗伯特·西尔弗斯。这些文字在 2009 年 10 月 22 日得以发表。发表时的配图是哈里·兰塞姆中心展览上伽利略《关于托勒密和哥白尼两大世界体系的对话》一书的卷首插图，图中有代表亚里士多德、托勒密和哥白尼的人物形象。下面几乎就是这篇文章，只有几处修正。后来，它也成了我的《给世界的答案》一书中第六章的基础。

几年前，我决定要更多地了解科学史，所以很自然地，我主动请缨来教这门课。在准备讲义的过程中，一个事实让我深感震惊：以现在的角度看，天文学在古代所达到的精确度和复杂程度，远超其他任何自然学科。一个显而易见的原因是，可见的天文学现象比地球表面可观察的事物要简单得多，因而更容易研究。古人并不知道，但是地球、月亮和其他行星都以几乎恒定的速率自转着，并且它们在轨道上的运行只被一种力量所主导，那就是万有引力。因此，人们在天上看到的景象变化简单而又具有周期性：月亮有规律地盈缺，太阳、月亮似乎每天绕着天极转一圈，而太阳每年都沿着同一轨迹经过同样的星座，也就是黄道星座。[1] 即使只有简陋的仪器，也可以研究这些周期性的变化，而且已经达到了相当高的数学精确度。而对于地球上的事物，比如鸟的飞行或者河中的流水，研究达到的精确度要低得多。

但是，天文学在古代和中世纪科学中如此突出还有另一个原因——它很有用，而当时的物理学和生物学没有什么用。即使在史前，先民也一定曾将太阳在天空中的位置当作钟表、日历或者罗盘来使用，即使那时还很粗略。随着圭表的使用，这些功能变得精确了很多。圭表也许是最早的科学仪器，古希腊人认为它是阿那克西曼德或者巴比

---

[1] 白天当然看不到那些星星，但是太阳刚刚落山之后，一些星星就出现了，这时候还能够知道太阳的位置。

伦人发明的。

圭表不过是在可以照到太阳的开阔水平地面上竖着的一根柱子罢了。当白天柱子的影子最短时，就是正午。在希腊或者美索不达米亚各地，柱子的影子在正午都指向正北，因此罗盘上所有方向都可以在圭表周围的地面上永久而精确地标示出来。通过一天又一天地观察正午时柱子的影子，可以找到影子最短或者最长的日子，这就是夏至日和冬至日。通过影子在夏至日的长度，可以计算出纬度。日落时的影子在春季和夏季的指向往东偏南一些，而在秋季和冬季的指向往东偏北一些。当日落时的影子指向正东时，就是春分日或者秋分日。[1]

通过将圭表作为日历，雅典天文学家优克泰蒙在公元前430年发现了将会困扰天文学家2 000年的现象：通过二分二至可以精确测出四季的起点与终点，四季的长度竟略有不同。这一发现排除了太阳以地球为中心在圆形轨道上匀速运转（或者地球绕太阳运转）的可能性。因为那样的话，二分二至点在一年里的间隔就应该是均

---

[1] 圭表和日晷不同，因为日晷用于投影的晷针并不是竖直向上的，而是设置为特定的角度，让它的影子在一年里的每一天都走过几乎相同的路径。所以日晷更适合作为钟表，但不那么适合作为日历。

等的。古代世界最伟大的观测天文学家——尼西亚的希帕克，在公元前 150 年发现有必要引入本轮的概念，原因之一就在于此。本轮这个概念指的是，太阳（和众行星）在被称为本轮的小圆上运行，本轮的中心又在以地球为中心的圆形轨道上运行。3 个世纪之后，托勒密采纳并详尽阐述了这一想法。

即便是哥白尼，因为执着于轨道必须是由圆形组成的，仍保留了本轮的概念。直到 17 世纪早期，开普勒才终于解释了希帕克和托勒密曾归因于本轮的现象。地球绕太阳运行的轨道不是一个圆，而是一个椭圆；太阳也不在椭圆的中心，而是在其中一个焦点上；还有，地球的速度也并不恒定，而是在靠近太阳时比较快，在远离太阳时比较慢。

对于我前面探讨过的用途来说，太阳也是有局限的。通过太阳辨别方向当然只能在白天；而且在使用圭表以前，太阳的周年运动只能让人们得到关于年的粗略概念。从最早有记录的时代以来，人们就使用恒星来弥补这些空白。荷马就知道哪些星星可以在晚上指示方向。在《奥德赛》里，海中女神卡吕普索告诉奥德修斯如何从她的海岛回到伊萨卡：让大熊始终在他的左侧。大熊当然就是大熊座，也就是北斗七星。北斗七星是靠近北极星的星座，在地中海的纬度上，永远不会落到地平线之下（或者用荷马的话说，"永远不会到海中沐浴"）。保持北方在左侧，奥德修斯就能向东航行重返家园。[1]

恒星也被用作日历。埃及人似乎很早就通过观察天狼星的升起预测尼罗河的泛滥。约公元前 700 年，诗人赫西俄德在《工作与时日》中向农民建议，应该选择在一年中首次观察到昴星团在日出之前落下的日子开始耕种。

人们因为上述这些原因而观察星空。很多早期文明注意到了有五颗"星星"（希腊人称它们为行星），在一年里它们在其他星星组成的背景中移动，和太阳在黄道上的路径几乎相同，但有时它们似乎逆向运行。如何理解这些运动是巨大的难题，困扰了天文学家上千年，最终艾萨克·牛顿的工作推动了现代物理学的诞生。

天文学的这些用处之所以重要，不只是因为它把注意

---

[1] 人们可能会奇怪为什么卡吕普索不告诉奥德修斯要保持北极星位于左侧。原因是在荷马时代，现代所称的北极星，并不在天空的正北。这并不是因为北极星本身移动了，而是由于一个叫作分点岁差的现象。这一现象是希帕克发现的。用现代术语来讲，地球的自转轴在天空中的指向并不固定，而是像旋转的陀螺的轴一样存在进动，地轴每 25 727 年绕一整圈。根据希帕克的数据算出来的这一周期是 28 000 年。这是古希腊天文学精确度的一个标志。

力集中在太阳等恒星和行星上，从而产生了一些科学发现。它的应用在科学的发展过程中也很重要，因为当一个人实际运用科学理论，而不是纯粹猜测时，就有更大的可能把事情做对。如果女神卡吕普索告诉奥德修斯始终保持月亮在他的左侧，他就会一直兜圈子，永远回不了家。相比之下，亚里士多德的运动理论之所以在中世纪后仍然流传，是因为它从未被实际应用过，也就未被揭示出它存在多么大的错误。天文学家们的确曾经尝试使用亚里士多德的行星系统理论（最初要归功于柏拉图的学生欧多克索斯及其学生卡利普斯）。这一理论认为，太阳、月亮和行星处在以地球为中心的相互嵌套的透明圆球上。这（不同于本轮理论）与亚里士多德物理学是相符的。

他们发现这个理论不管用，比如亚里士多德的理论不能解释行星亮度随时间的变化，而托勒密将这一变化的原因正确地理解为行星与地球的距离并非恒定不变。由于亚里士多德在哲学方面的威望，一些哲学家和医生（但几乎没有开展实际工作的天文学家）在古代世界和中世纪仍坚持亚里士多德的太阳系理论。而到了伽利略的年代，这一理论已经不再受到重视。当伽利略写下《关于托勒密和哥白尼两大世界体系的对话》时，他所考虑的两大系统是指托勒密和哥白尼的，而非亚里士多德的。

之所以说天文学对于科学进步很重要，还有另一个原因：它促进了政府支持科学研究。第一个伟大的例子是亚历山大城博物馆，由统治埃及的希腊国王们在约公元前300年，即希腊化时代早期建立。它并非现代意义上的博物馆，不是供游客们参观化石和照片的地方，而是一座献给缪斯女神的研究机构，其中包括天文学的缪斯女神——乌拉妮娅。埃及的国王们在亚历山大城资助的发射机与其他大炮构造的研究，以及对投掷物飞行的研究，大概都是在博物馆里进行的。博物馆同时也向阿里斯塔克斯以及埃拉托色尼提供了资助，前者测量了日月的距离与大小，后者测量了地球的周长。在这座博物馆之后，出现了一连串由政府支持的研究中心，包括830年由哈里发马蒙在巴格达建立的智慧宫，以及1576年由丹麦国王腓特烈二世赠予第谷·布拉赫的天文台"天堡"。由政府支持研究的传统延续至今，比如CERN（欧洲核子研究组织）和费米实验室这样的粒子物理实验室，以及由NASA和欧洲航天局送上太空的哈勃太空望远镜、WMAP（威尔金森微波各向异性探测器）和普朗克这类无人天文台。

实际上，天文学的用处在过去被高估了，而这让天文学获益匪浅。古巴比伦人给古希腊世界留下的遗产，不仅包括大量精确的天文观测数据（可能也有圭表），也包括占星术的伪科学。托勒密不仅写就了伟大的著作《天文学大成》来描述天文学规律，他也是占星术书籍《占星四书》的作者。在中世纪和近代早期，王室之所以支持天文数据表格的编制，大部分动力来自占星师要使用这些表格。这与我刚刚讲的似乎相互矛盾，我讲到实际应用对于引领科学走上正确的道路很重要。但是占星家们在天文学方面确实是对的，至少在行星与恒星的视运动方面是如此。至于他们在解释人间事务方面的失败，可以通过预言的模糊性加以掩饰。

并非人人都热情地支持天文学的实用。柏拉图在《理想国》中讨论了对于未来哲学王的教育。苏格拉底建议要涵盖天文学，助手格劳孔急忙表示赞同，因为"不只农民或者其他需要敏锐觉察季节、月份和年份的人，对于军事将领来说，它也同样重要"。可怜的格劳孔——苏格拉底说他太幼稚了，并解释道，学习天文学的真正目的是它迫使头脑向上看，思考比平凡世界更为高尚的事物。

虽然时常也会遇到惊喜，但在我自己的主要研究领域基本粒子物理学中，并没有任何人可以预见的直接应用[1]，所以当我注意到实际应用对于科学历史发展的重要性时，也并没有多开心。如今，像粒子物理学这样的纯科学已经发展出了验证标准，不再需要应用来确保我们保持诚实（或者我们乐于这样认为），并且科学家们在智力刺激的驱动下努力着，不必考虑其实际应用。但是要争取政府支持的话，纯科学的研究仍然要和其他更倾向于有直接用途的科学竞争，比如化学和生物。

不幸的是，就天文学争得支持的能力而言，我前面讨论过的天文学的用途大多已经过时了。我们现在使用原子钟来判断时间，精确到可以测量一天和一年长度的微小变化。我们可以在手表或者电脑屏幕上看到日期。最近，恒星对于导航也不再那么重要了。

2005 年，我乘坐"海云"号游览爱琴海。一天晚上，我和船长讨论起了导航。他教我如何使用六分仪和精密计

---

1 我说"直接"应用，是因为粒子物理学的实验和理论工作通过推动技术和数学到达现在的极限，偶尔会带来极有实际价值的新科技或数学成果。一个著名的例子是万维网。这可以为政府资助提供有力的论据，然而这并不是我们做研究的目的。

时器确定在海中的位置。根据精密计时器给出的时刻，通过测量地平线与一颗特定的恒星之间的夹角，可以知道你的船一定在地图的某条曲线上。通过测量另一颗恒星与地平线的夹角，你会获得另一条曲线，两条线的交点就是你所在的位置。测量第三颗恒星与地平线的夹角，如果得到的曲线和前面两条在同一点相交，就表示你没弄错。展示完这些，我的这位"海云"号船长朋友开始抱怨起年轻的高级船员刚加入船队时，都不会用精密计时器和六分仪确定位置了。全球定位卫星的出现使得星空导航派不上用场了。

天文学还有一个用途：在发现自然法则方面，它继续起到关键作用。如上所述，正是行星运动的问题使牛顿发现了运动和万有引力定律。19世纪，通过对太阳光谱的观察，人们发现原子只能发射和吸收某一特定波长的光，而这一发现在20世纪导致了量子力学的发展。19世纪晚些时候，对太阳的这些观测揭示出当时在地球上还是有未知的新元素存在的，比如氦。20世纪早期，爱因斯坦的广义相对论在天文学上得到了检验，首先是比较他的理论预测与水星的实际运动，随后他又成功预测了太阳引力场对于星光的偏转。

在证实了广义相对论之后的一段时间里，推动基础物理学进步的数据来源从天文学转移到了其他领域。首先转移到了原子物理领域，然后在 20 世纪 30 年代转移到了核与粒子物理领域。但是 20 世纪六七十年代以来，基本粒子的标准模型建立后，粒子物理学的进步慢了下来。这一模型解释了当时得到的关于基本粒子的所有数据。近年来，在粒子物理学领域，唯一超出标准模型的发现是各种中微子的微小质量，而且这些问题首先是在天文学的一个领域里出现的，即对来自太阳的中微子的研究。

同时，众所周知，我们现在所处的阶段被称为宇宙学的黄金时代。天文观测与宇宙学理论相互促进，以至我们现在可面不改色地说宇宙年龄目前的膨胀阶段是 137.3 亿年，误差是 1.6 亿年。这项工作还揭示出，宇宙中的能量仅有 4.5% 是以普通物质，即电子和原子核的形式存在的。总能量中约 23% 是暗物质，这些粒子与普通物质或者辐射不发生相互作用，并且目前所知仅仅能通过观测其万有引力作用对普通物质和光造成的影响来了解其存在。宇宙能量的绝大部分，约 72% 是一种"暗能量"。它不存在于任何粒子的质量中，而是存在于空间本身。正是它导致宇宙目前的膨胀加速。暗能量的解释是目前基本粒子物理学所面临的最深奥的问题。

　　尽管这一切令人兴奋，但天文学和粒子物理学在争取政府支持方面都更加艰难了。1993 年，美国国会取消了一个建造加速器的计划，这个加速器叫作超导超级对撞机，它可以大大扩展制造出来的新粒子的质量范围，其中可能包括暗物质的粒子。CERN 接手了这一任务，但是他们新建的加速器——LHC（大型强子对撞机）探索的质量范围，仅是超导超级对撞机的 1/3，而且在 LHC 之后，对新加速器的支持越发渺茫。在天文学方面，NASA 削减了对"超越爱因斯坦"项目和"探索者"项目的支持，而这些正是近年来宇宙学的长足进步所依赖的天文学领域的主要项目。

　　当然，确实有很多值得政府资助的需求。但令很多科学家尤为恼火的，是 NASA 的一个耗资巨大而且常常伪装成科学的项目。[1] 我指的当然是载人航天项目。2004 年，布什总统宣布了 NASA 的一个"新愿景"，也就是让宇航员重返月球，随后去往火星的载人航天项目。几天之后，

---

1 关于这一点，我写过一篇更长的文章进行了更详尽的阐述，是 2004 年 4 月 8 日发表于《纽约书评》的《错误的东西》，并在修订后被收录于《湖畔遐思》。

NASA 的空间科学办公室宣布削减对非载人的"超越爱因斯坦"项目和"探索者"项目的支持。理由是这些项目不能支持总统的"新愿景"计划。

宇航员在科学研究中是不经济的。将宇航员安全地送往月球或行星并带回地球，所耗费的资金可以将数百个机器人送上去，而机器人在探索方面可以做的要多得多。在轨道天文台上，宇航员会导致更多的震动，并且辐射热量，而这会扰乱敏感的天文观测。近来所有带来宇宙学新进展的项目，比如哈勃、COBE（宇宙背景探测器）、WMAP或者普朗克这样的天文台，都是无人的。相比而言，载人的国际空间站还没有做出过重要的科学工作，而且很难想象未来有什么样的重要工作是无法通过更便宜的无人设施完成的。

人们常说，载人航天项目是有必要的，因为如果没有载人航天，任何太空项目都不可能得到大众的支持[1]，包括进行真正科学工作的哈勃和 WMAP。我对此表示怀疑。我认为天文学总体上，特别是宇宙学，有其内在的激动人

---

[1] 最近一次，是欧洲航天局的科学顾问委员会主任乔万尼·比尼亚米于 2009 年 7 月 16 日在《自然》杂志上表达了这一观点。

心之处，这与载人航天这种观赏性运动非常不同。为了说明这一点，我将引用托勒密的一句话作为本文的结语："我了解此生有限，而我只是短命的生灵；但当我寻觅那繁星的转轮，我便不再双脚触碰地球，而是与宙斯本人肩并肩，我取用着我的那份珍馐，那本属于神明的食物。"

02 发现的艺术

得克萨斯哲学学会成立于得克萨斯共和国独立的第一年，创立者是山姆·休斯敦及其朋友们。学会的首任主席是米拉波·波拿巴·拉马尔，任职于1837—1859年，他还继任了休斯敦的得克萨斯共和国总统之位。哲学学会在成立后不久就不活跃了，直到1937年才恢复生机。从那之后，会员人数逐渐增长，有了学者、记者、政治家、牧场主、作家、艺术家、商人，甚至还有几位哲学家。每年，会员们在得州不同的地方聚会一次，听取讲座并且和老朋友会面。讲座的话题由当年的主席选定。我和妻子都是会员，正因如此，我们才有机会去拜访我们常规活动半径以外的那些得州城市，比如阿比林、科珀斯克里斯蒂、沃斯堡、克尔维尔以及拉雷多。当然也因此去了那些熟悉的地方，比如达拉斯和休斯敦。1994年我有幸出任主席并在奥斯汀主持了一次会议，主题是宇宙学。

2009年，哲学学会又一次在奥斯汀开会。那一年的主席是迈克尔·吉勒特，他挑选的主题是得州的艺术，包括学习的艺术、表达的艺术以及绘画的艺术。围绕发现的艺术这一主题，我做了如下讲座。哲学学会一般会将会议记录整理出版，但是整理得不慌不忙：2009年的会议记录，包括我的讲座在内，在2014年才终于出版。

柏拉图认为，只需要思考就能发现世上的一切。在《法律篇》中，有一次关于天文学的有趣的讨论。柏拉图承认，天文学家们偶尔看看天空可能是有益的，但这只是为了集中注意力，就像数学家证明几何定理时可能画一画示意图来集中注意力一样。但是在科学中，真正的发现工作就像在数学中一样，应该是纯粹智力的。就像他在很多其他事情上一样，柏拉图在这一点上弄错了。

英格兰国王詹姆斯一世任内的大法官——弗朗西斯·培根，则持有另一个极端的观点。科学在当时刚刚开始引起公众的兴趣，培根讲了很多关于科学的内容。他认为，科学工作是纯粹经验性的，必须以一种不带目的性的广收博蓄、不带成见地去做实验和研究关于自然的可能的一切，真相才会逐渐浮现。他同样弄错了。

几百年来，我们了解到的真相是，科学发现依赖于理论与实验或观测之间的互动，两方面缺一不可。必须要由理论指导实验，这样的实验才有意义，并且实验结果才能被解读。实验也是必需的，它不仅仅是证实或者反驳理论，而且会启发理论。两者不可分割地结合在一起。

尽管如此，在某些领域，尤其是我自己的领域——基本粒子物理学，科学家的这两种身份却已经截然不同。理论物理学和实验物理学的要求极高且专业化，在恩里克·费米之后，实际上就再也没有人能同时身兼理论学家和实验学家两种身份进行有效的工作。我是一个理论学家，所以关于发现的艺术，我只能给你们提供从理论出发看到的视角。

作为理论学家，眼前的谜团令我们受到启发。有时候，这些谜团是由实验发现提供的。有一个经典的例子，19

世纪末，实验科学家们试图测量地球的运动对光速的影响。地球以每秒 30 千米的速度绕太阳公转，光速约为每秒 30 万千米，所以人们曾以为，光速应该有大约 1% 的变化取决于是冬天还是夏天，因为这两个时间地球的运动方向相反。人们那时还认为光是被称为以太的介质的一种震动，并且即使假定太阳系在以太中运动，地球也不可能在夏天和冬天都相对于以太保持静止。人们探寻地球运动的影响，却一无所获。这向物理学家们提出了一个可怕的难题，它（和其他一些难题一起）最终启发爱因斯坦发展了一种新的时空观，也就是相对论。

然而有些时候，启发我们的难题是来自物理理论内部的。比如在 20 世纪 50 年代后期，我们显然有了一个关于弱核力的理论，能很好地解释所有现有的相关实验数据。（弱核力引起一种放射性，在这种放射性中，原子核内的粒子，比如中子或质子，变成另一种粒子，即质子或中子，并释放出一个快速电子。在为太阳提供热量的反应链中，正是这种力推动了第一步反应。）关于弱核力的实验没有给我们带来任何疑难。但当这一理论延伸到由于技术原因尚未被观察到的其他过程时，问题就出现了。（这类过程之一是被称为中微子的一种相互作用很弱的粒子与其他中微子的碰撞，我们可能永远无法观测到这个过程。）当在这些过程中应用弱相互作用的理论时，得出的结果是无意义的，它给出的概率是无限大。这一结果并不是对自然的深刻说明，而是荒谬的。很明显，我们需要一个新理论，这个理论既能保证先前理论的成功，又不会对完全合理的问题给出无意义的答案，即使这些问题涉及的是以前没有做过的且可能永远不会做的实验。我和其他理论学家在20世纪60年代研究过这个问题，最终发现了这样一个理论。结果它不仅仅是关于弱核力的理论，而且是关于弱核力与我们更熟悉的电磁力的统一理论，还预言了一种新的弱核力，后来在高能实验中发现了这种新的力。但是，并不是实验驱动了这一理论。

有时候我们的困惑在于，一些理论和所有观测相符，也没有任何内在的矛盾，但因为其中有太多随意的特征，所以明显不令人满意。实际上，我们现在的处境就是这样。现在我们有一个理论，它既涉及强核力（将夸克集中在原子核之内的粒子里面），也涉及电磁力和弱核力。这一理论被称为标准模型，它解释了我们在基本粒子实验室里能够测量的一切，并且在我们想做任何计算的时候，它给出的都是有限且合理的结果。然而这一理论并不令人满意，因为它的太多特征都是我们为了符合实验结果而不得不去假设的。比如，标准模型有 6 种被称为夸克的粒子。为什么是 6 种？为什么不是 4 种或者 8 种？不知道。它们为什么具备现有的性质？这些不同类型的夸克中，最重的比最轻的重了大约 10 万倍。我们并不知道质量的差异来自哪里，只是为了与实验相适应，必须选择这些值。这一切并没有什么矛盾之处，这个理论也与观察相符，但我们显然还没有找到最终的答案。

还有一个不能故作不见的明显缺陷：没有提到万有引力。我们确实有一个相当不错的引力理论，即爱因斯坦的广义相对论，它对我们所能做的所有观测都非常有效，但应用于极端能量时，却给出了荒谬的结果。在实验室里实际上是无法构成这些能量的，但我们可以将它们纳入考虑。当我们这样做的时候，万有引力就成为另一个谜团。

20 世纪 70 年代以来，我们一直处于这样一种境地：我们有一种具有太多任意特征的关于弱力、电磁和强力的理论，还有一种不能扩展到极高能量的引力理论。我们被困住了，因为没有来自基本粒子加速器的新数据喂给我们的想象力，从而解开这类谜团。原因之一是美国国会决定不在得克萨斯州建造那架大型加速器——超导超级对撞机。

在欧洲，有一个加速器于 2009 年开始运作，我们期待着它会传来好消息。它被称为 LHC。LHC 是一条周长约 27 千米的环形隧道，位于法国和瑞士的交界处，距离地表 150 多米。在这条隧道中，两束质子将以相反的方向穿越法国和瑞士边境，一圈又一圈地运动数百万次，它们逐渐加速，直到最后迎头相撞。我们希望能够通过研究碰撞中发生了什么，发现新的事物，这些事物要么帮助我们解决现有的谜题，要么给我们带来新的有用的谜题。

就在 2009 年年底，人们观察到了这样的两个粒子束之间的首次碰撞。目前的能量还没有高到足以让我们了解任何新东西，而且粒子束中也没有足够的粒子让我们感兴趣的碰撞的发生概率足够大，但我们在未来几年对 LHC 寄予厚望。

就像我说过的，我是一个理论学家。我并不在 LHC 工作。2009 年 7 月我去到那里，并且看到了 4 个巨大的粒子探测器之一，这 4 个探测器位于环形隧道附近的不同位置，粒子就在这些地方碰撞。我参观的探测器叫作 ATLAS，确实令人印象深刻。如果你回想一下我们昨晚所在的舞厅，想象它向一侧倾斜，ATLAS 探测器所在的房间就是那样的。我当时真有一种置身大教堂的感觉。

那些将会使用 LHC 的实验科学家们依赖的技巧是我掌握不了的，但我对他们所做的工作确实有很大的兴趣。我希望他们的发现能让我们摆脱几十年来的消沉。比如，有一种极有吸引力的对称原则，叫作超对称。在过去 30年里，它已经占据了很多理论学家的注意力。目前还没有找到证实它的丝毫的证据。（可以说有一丝，但是不大。）我们希望 LHC 可以产生出超对称理论预言的新类型的粒子。天文学家们说，组成了宇宙 5/6 质量的是所谓暗物质。而超对称理论预言的粒子之一——如果存在的话——可能具有正确的性质，可以组成暗物质。（不应该将暗物质与更令人困惑的暗能量混淆。不幸的是，LHC 可能不会告诉我们关于暗能量的任何事情。）如果探测到这些粒子，我认为那将会是柏拉图式物理学的胜利。我们只需要拭目以待。

所以我们现在正处于基础物理学历史上的分水岭时期。在 20 世纪六七十年代，理论和实验曾卓有成效地相互促进，之后这一作用消失了。我们最希望的是两者之间不可分割的相互促进作用将重新开始。

03 始于卢瑟福的粒子物理发展史

　　美国物理学会每年 4 月在华盛顿哥伦比亚特区召开一次会议，会议时间小心地避开了华盛顿的日本樱花开放季，以及随之而来的酒店价格上涨。2011 年 4 月，正值现代物理学的关键发现之一——卢瑟福发现原子核——迎来 100 周年纪念。物理学会决定以一次特殊会议来庆祝，会议题为"粒子物理学 100 年"。我做了开幕演讲，内容如下。2011 年 8 月，我的这篇演讲在《今日物理》杂志上发表。《今日物理》是美国物理联合会发行的月刊。

　　我在华盛顿的讲话和在《今日物理》上发表的文章都不涉及数学，不只面向基本粒子领域的专家，也是写给在意历史的物理学家们。所以我以为这篇文章普通读者也看得懂。但是当我重读一遍的时候，我看到自己使用了从"自旋"到"重子"等诸多术语，对于非物理学家来说，这些词可能需要解释。因此我在脚注中提供了说明，但是正文部分基本和最初发表时保持一样。有些话题可能在本书第 11 篇文章中进行了更易理解的讨论。

1911 年 3 月 7 日，欧内斯特·卢瑟福参加了曼彻斯特文学与哲学学会的一次会议。一个世纪之前，约翰·道尔顿正是在这一学会的会议上报告了原子质量的测量。卢瑟福在会议上宣布发现了原子核。美国物理学会决定将这一天作为基本粒子物理学世纪的开端。

我认为这是一个明智的选择。一方面，汉斯·盖革和欧内斯特·马斯登在曼彻斯特所做的实验是卢瑟福提出他的原子核结论的基础。这一实验成了散射实验的范例，从此以后粒子物理学家们的工作之一就是散射实验。只不过盖革和马斯登使用的不是从加速器获得的质子束或者电子束，而是从镭元素衰变获得的 α 粒子，将其照射在金箔靶子上。他们没有使用丝室、火花室或者气泡室来探测被散射的粒子，而是用了一个涂满硫化锌的屏幕，当它被 α 粒子撞击时会发出闪光。

更重要的是，观测到 α 粒子的大角度散射让卢瑟福确信，原子的大部分质量和正电荷都集中在一个体积很小的核内。以前，人们普遍认为原子就像布丁，电子则像葡萄干一样镶嵌在平滑的正电荷背景里。原子核的发现是至关重要的第一步，随后是一连串的发展，从尼尔斯·玻尔（他曾经在曼彻斯特大学访问）到路易·德布罗意、埃尔温·薛定谔以及沃纳·海森堡，这些发展最终带来了现代量子力学。

在量子力学最初的成功之后，基础物理学仍然留有两个明显的前沿阵地。其中之一是量子力学扩展到接近光速的粒子上，这样的粒子必须遵循爱因斯坦狭义相对论的原理。保罗·狄拉克的方法是将薛定谔波动方程推广为相对论性的波动方程。[1]这预言了基本粒子必须具有自旋 1/2，

---

1 在薛定谔发展的这一版本的量子力学中，一个系统的状态用一个波函数描述。如果系统是单个粒子，比如原子核电场中的电子，它的波函数是一列数字，每个电子可能占据的位置都对应一个数字。数字最大的地方，就是粒子最有可能在的地方。波函数决定着这些数字在位置和时间上的变化。

似乎获得了巨大的成功，但是如今我们知道，这是一个失败而非成功。[1] 有一些自旋是 1 的粒子，比如 W 和 Z 粒子，在任何方面都和电子一样基本，并且很多人都相信一种自旋为 0 的同样基本的粒子将会在 LHC 被发现。[2] 另外，将狄拉克方程推广到包含超过一个电子的系统是不合适的。相反，未来属于量子场论。[3] 量子场论是在科学家们的各种合作中被发展出来的，包括 1926 年玻恩、海森堡和帕斯库尔·约尔当，1926 年海森堡和泡利，以及 1934 年泡利和维克多·魏斯科普夫的合作。（魏斯科普夫有一次告诉我，泡利在后一篇论文中希望证明狄拉克在自旋必须是 1/2 这一点上是错的，他为此构建了一个完全合理的零自旋粒子的理论。）量子场论在费米 1933 年关于 β 衰变的理论中得到了第一次应用，自那以后，基本粒子理论中大部分成就所依赖的就是它提供的数学构架。[4]

---

[1] 自旋这一物理量，表征粒子绕着某条给定的线进行的旋转。具有 1/2 自旋的粒子具有光子自旋的一半。光子是一种粒子，大量光子组成了一束光。

[2] 已经在 2012 年被发现了。

[3] 在量子场论中，量子力学被应用到场中，比如电场和磁场，而不是直接应用于粒子。量子场论中的基本粒子是各种场里成束的能量和动量。

[4] β 衰变是原子核的一种放射性衰变，在这种衰变中，一个质子变成一个中子，或者反过来。

另一个明显的前沿是原子核。这里的巨大屏障是库仑势垒，它使得卢瑟福的实验室中镭放射出的 α 粒子不能进入核中。[1] 正是这一问题导致了粒子加速器最初的发展。

20 世纪 30 年代，理论学家们很怪异地不愿意提出新的粒子，这阻碍了对这些前沿领域的探索。这里有三个例子。

第一，詹姆斯·查德威克在 1914 年发现，β 衰变中释放的电子具有的能量分布是平滑连续的。如果在核转化中释放的所有能量都由电子带走的话，不应该是这样的结果，而应该看到电子具有唯一的能量值，等于原子核最初和最终的能量之差。这如此令人困惑，以至玻尔提出可能在这些衰变中能量并不守恒。泡利在 1930 年提出中微子的存在，遭到了广泛的质疑，直到 25 年后中微子被发现，怀疑才终于烟消云散。[2]

第二，狄拉克一开始认为，在他的理论中，负能量

---

1 库仑势垒是原子核的正电荷与 α 粒子的正电荷之间的排斥，或者原子核与用来探测原子核的其他带正电粒子之间的排斥。

2 中微子是电中性的，相互作用非常微弱。在 β 衰变中，它们和原子核释放出的电子分享能量，但是除此以外，想要探测到它们非常难。

电子海洋中的洞必须是质子——当时已知的唯一带正电的粒子，尽管这会毁掉一个普通原子的稳定性，因为原子中的电子可能会掉进这些洞里。他后来改变了看法，但是当卡尔·安德森和帕特里克·布莱克特于 1932 年在宇宙射线中发现正电子时，大多数物理学家都大吃一惊，包括安德森和布莱克特。[1]

第三，为了让原子核具有正确的质量和电荷，物理学家们一开始假设核是由质子和电子组成的，尽管这样的话氮 14 的核就会是费米子，而通过分子光谱我们已经知道它是玻色子了。[2] 直到 1932 年查德威克发现中子之前，关于中子的想法都没有被接受。

在理论上很清楚需要新粒子的时候，人们仍对提出新

---

[1] 正电子是电子的反粒子，和电子具有完全相同的质量、自旋，并具有同样大小的电荷，只不过是正电而不是负电。

[2] 费米子和玻色子的区别是，当全同粒子交换时，两者波函数变化的方式不同。如果是费米子，波函数就要改变符号；如果是玻色子，就不改变。一个像原子核这样的复合系统，如果其中包含奇数个费米子，系统就是费米子；否则就是玻色子。中子、质子和电子是费米子，所以如果氮 14 的核由 14 个质子（赋予它所观察到的重量）和 7 个轻得多的电子（和 7 个质子的电荷相同，赋予它观测到的净电荷）组成，那么它就会是费米子。但是两个氮原子组成的分子表明氮 14 的核实际上是一个玻色子，如果它包含 7 个质子和 7 个中子（确实如此），就会如此。

粒子如此犹豫，如今看来只觉得非常奇怪。现今的理论学家，如果从没提出过至少一种还没有实验证据的新粒子，就几乎算不上受人尊敬。1935 年，汤川秀树以相当大的勇气，在已知的核力范围的基础上，提出应该存在一种质量约为 100MeV 的玻色子，在中子和质子的相互作用中被交换。[1]

同时，中子和质子的质量相似也说明两者之间有某种对称性。[2] 在莫尔·杜武及其同事们于 1936 年测量了质子–质子间的核力，并发现它和已知的中子–质子间的力相似之后，格雷戈里·布莱特和尤金·芬伯格确认这一对称性为同位旋守恒对称，数学家们称之为 SU（2）。[3]

粒子物理学在二战之后重新开始发展。（这里我不再说出继续这一工作的物理学家的名字，因为会花太多时间，而且我也担心列举时会漏掉某位还在世的人。）在 20 世纪 40 年代后期，量子电动力学中无穷大的老问题通过重整

---

1 MeV 代表百万电子伏特，在核物理中是一个方便的能量和（使用爱因斯坦质能关系的）质量单位。比如，一个电子质量中的能量约为半个 MeV。

2 在本书第 11 篇文章中详细讨论了对称性，那篇文章是专为普通读者写的。

3 这是一个不变性原理，要求在中子和质子变成对方，甚至是变成质子和中子的混合物后，决定中子、质子及其相互作用力的方程应该没有变化。

化理论被解决了。[1] 汤川秀树的介子被发现了，现在叫作π介子，并且与μ子进行了区分。μ子是一种重电子，于1937年被发现。1947年，人们发现一些粒子具有一种新的近似守恒的物理量——奇异性。[2] 所有这些新粒子都是在宇宙射线中发现的，但在20世纪50年代，加速器开始代替宇宙射线，成了发现新粒子的工具。加速器变得越来越大——它们从大学物理教学楼的地下室移出来，变成了地理标识，从太空中都看得到。

量子电动力学的绝妙成功自然导致人们希望有一个针对所有基本粒子及其相互作用的量子场论，但是这一计划遇到了严重阻碍。一方面，这样的量子场论将需要对基本的粒子进行选择，决定哪些粒子的场将会出现在理论的方程里。但人们正在发现这么多新的粒子，不可能选出其中的任何一组作为基本粒子。而且，很容易假设出任意多种强相互作用的量子场论，但有什么用呢？强相互作用很

---

1 在20世纪30年代早期，人们注意到，在电子和电磁的量子理论中，当能量计算不再停留于最简单的近似，能量就变成了无穷大。人们认识到如果对电子的质量和电荷，以及电子和光子的场进行恰当的重新定义（"重整化"），这些无穷大将会被抵消，于是这一问题得到了解决。

2 这些粒子看起来奇异是因为它们只能彼此结伴产生，永远不会单独产生。

强——太强了以至无法做近似计算。一些理论学家至少在强相互作用方面，甚至彻底放弃了量子场论，只依赖于散射过程的一般特征。

另一个问题是，我们应该如何解读像同位旋守恒这样的近似对称，或者更深奥的自发破缺的对称性（比如解释了低能量 π 介子性质的那一种），甚至更加近似的对称性呢（比如将奇异粒子与普通粒子联系在一起的那一种）？[1]即使是在时空中逆转方向的不变性（分别被称为 P 守恒或镜像对称，及 T 守恒），以及交换粒子和反粒子的守恒（被称为 C 守恒），也被证明是近似的。如果对称性反映了自然的简单性，近似对称是否反映了自然的近似简单性呢？

对于弱相互作用，我们有过一个很好的、符合实验的量子场论，也就是费米在 1933 年提出的 β 衰变理论。但是当不满足于最低近似后，这一理论则给出了无穷大的结果，并且显然不能通过重整化消除这个结果。

20 世纪六七十年代，一种关于基本粒子的量子场论

---

[1] 如果决定物理现象背后的方程遵循一种对称性，但是物理现象本身不遵循，这种对称性就是自发破缺的。

的发展克服了所有这些障碍，这就是标准模型。它基于精确的局域对称性，其中有些对称是自发破缺的，有些不是。[1] LHC 无疑会向我们揭示，弱核力和电磁力之间的局域对称性是通过什么机制自发破缺的。出现在标准模型中的基本粒子是经过选择的——夸克（质子、中子和相关的强相互作用粒子的组成单元）、轻子（电子、中微子和相关弱相互作用粒子）以及与局域对称性相关的玻色子（光子、传递强核力的胶子，以及在 β 衰变中传递弱核力的 W 和 Z 粒子）。对于质子和中子这样的由夸克组成的强相互作用粒子，做出太多计算仍然很难，但是强核力在高能量下变弱使得很多事情可以被计算出来，所以我们知道这一理论是正确的。

重整化的条件强加给标准模型一种简单性——只有场的组合及其变化率的单位（在将普朗克常数和光速取值为 1 的单位系统里）是质量的 4 次方或者更少次方，这样的场才能出现在场方程里。[2] 必须要满足这一条件，才能将

---

[1] 局域对称性，也被称为规范对称性，是物理方程在适当变形下守恒的原理。这些变形的效果（不像同位旋对称变换）随时空变化而变化。

[2] 普朗克常数是量子力学的基本常数，是由马克斯·普朗克在他 1900 年的热辐射理论中引入的。

扰动理论中遇到的所有的无穷大吸收到方程中重新定义的有限个常数中。

这一简单性自然地解释了一些神秘的近似对称，例如同位旋守恒这样的强相互作用的近似对称。这一理论的强相互作用部分不会复杂到足以打破这些对称，除了最轻的夸克质量会引起一些小的影响。类似的，强核力和电磁力的理论不会复杂到打破奇异性和其他特性的守恒，或（除了一些细微的量子效应）P、T 和 C 守恒。

显然，有必要超越标准模型。有一种神秘的夸克和轻子质量谱，我们已经关注数十年了，就像它们是一种未知语言中的符号，而我们无法读懂它们。还有，要解释宇宙学中的暗物质也需要超越标准模型的东西。[1]

现在，众所周知，标准模型只是一种有效场论，是某种未知的更基本理论的低能近似。这种更基本的理论涉及比我们熟悉的质量范围高得多的质量等级。任何与量子力学和狭义相对论一致的理论（还有一个技术要求，远距离实验具有不相关的结果）都会像一种量子场论一样研究足

---

[1] 暗物质是一种通过其万有引力效应才被了解到的物质，天文学家们告诉我们，它组成了宇宙质量的大约 5/6。

够低的能量。这些有效理论中的场对应着基本的或者不基本的粒子，这些粒子的质量足够小，可以在探讨的能量内被产生出来。因为有效场论并不是基本理论，所以不能指望它们太简单。相反，在有效理论的方程中，与假设的对称性一致的无限种可能项都会出现在理论里，每一个都与这个理论的一个独立常数相乘。

这样一个具有无限个自由参数的理论，看起来可能没有太多预测能力。有效理论的用处在于一种情况，任何让方程中的一项变得更复杂的过程，比如加入场的因子或其变化率，都会增加它的维度（即它的单位，用质量的次方表示）。因此，除了有限的项以外，其他所有项的单位都会是质量的4次方以上。这些复杂项的系数必须和某些特征质量的负数次方成比例，才能让方程中的所有项单位相同。如果有效场论是通过抛弃（"积分掉"）一个基本的理论（或者至少是更基本的理论）的高能量自由度而得到的，那么表征更高维度相互作用强度的质量会和基本理论的质量量级相同。只要有效场论只用于探索比这一质量量级低得多的能量范围，有效场论就提供了一个近似的系统。这不是通过计数像电子电荷这样的小的相互作用常数的次方，而是先除以基本理论中的大得多的特征能量，然后对能量的次方计数做到的。

因为存在某些相互作用的单位超过质量的 4 次方，所以有效场论不能像量子电动力学一样被重整化。也就是说，超过最低的近似之后，会遇到无限个能量的和，其中会有不能通过重新定义消除的无穷大。重新定义，即"重整化"，是针对理论中有限个参数进行的。但是这些无穷大可以通过对理论中实际存在的无限个参数进行重新定义而被消除。在每一级近似中，只会遇到有限个自由参数，以及有限个无穷的和，这些无穷大总可以通过对这些自由参数的重整化被消除。

有效场论在研究低能量 π 介子时被第一次使用，低能量 π 介子潜在的质量量级大约是 1 000MeV。这一有效理论也被扩展到了涉及固定数量的中子和质子的过程中。π 介子、中子和质子的有效场论的对称性，尽管是自发破缺的，但是不允许任何传统上可以重整化的相互作用（就像量子电动力学中的可重整化）。

类似的，在万有引力的量子理论中，理论在一般时空坐标变换下的不变性不允许任何传统上可以重整化的引力相互作用。量子引力也被当作一种有效场论。量子引力的问题不是它的无穷大，而是它在足够高的能量下会失去一切预测能力的事实（就像其他所有的有效理论一样）。这里的能量是所谓普朗克能标，质量量级大约是 10^{21}MeV，万有引力在这一能标下变成了一种强核力。

讽刺的是，关于 β 衰变的老的费米理论原本可以被当作一种有效场论的一部分，前提是把质子、中子、电子和中微子之间的相互作用都只当作能量除以约 10 000MeV后逐渐升高的次方各项之和的第一项。在这个展开式的下一级中，我们会遇到无限积分，但这些积分可以通过对几个新的相互作用的重整化变成有限。事实证明，费米理论的基本理论早在人们理解怎样把费米理论作为一种有效场论的一部分来使用的时候，就已经被发现了。这里的基本理论就是标准的弱电统一理论，它允许对于远远超过10 000MeV，甚至可能高达 10^{18}MeV 的能量，使用近似理论。

如果标准模型是一种有效场论，我们期待应该会有一些项补充到它的方程里，这些项的单位超过质量的 4 次方。实际上，是对称原理允许的所有项，这些项必须通过某些大的新的质量负数次方来抑制。

近年来我们发现了一些证据，表明确实存在一个新的质量量级，在 10^{19}MeV 附近。标准模型的重整化操作自动使重子数和轻子数守恒，但是没理由相信存在绝对的守恒定律。[1] 实际上，中微子质量极小的发现说明，必须要将轻子数不守恒的不可重整化的一些相互作用补充到标准模型里，这些作用被一个约为 1 除以 10^{19}MeV 的系数抑制住。我完全相信在即将来临的一个世纪里，我们将会找到类似的被抑制的重子不守恒的过程，因此质子衰变将会成为粒子物理学家们重点关注的一个问题。

当然，早在发现中微子质量之前，我们就知道存在一些标准模型之外的事物，暗示存在质量量级超过 10^{19}MeV 的新的物理，已经存在的万有引力在那样的能量下就变成了强核力。还有一个事实是，标准模型中决定各力的强度的三个独立参数在 10^{18}MeV~10^{19}MeV 的能量等级之间似乎会收敛到同一个值。

关于怎样超越标准模型，有很多的好主意，包括超对称和曾被称为弦理论的理论，但是目前还没有实验数据能证实其中任何一个。即使政府对粒子物理学家慷慨得超过我们最疯狂的想象，我们可能也永远建不出能量达

---

[1] 重子是质子、中子和存在强相互作用的粒子。轻子是电子、中微子和存在弱相互作用的粒子。重子数和轻子数守恒意味着，重子总数减去其反粒子总数的差值永远不变，对轻子也是一样。

到 10^{18}MeV~10^{19}MeV 的加速器。某一天我们可能会探测到早期宇宙发射出的高频引力波，它会告诉我们高能物理过程。同时，我们希望 LHC 及其后继者们会提供一些我们极度需要的线索，让我们能够超越过去 100 年里的种种成功。

这些都值得吗？我们真的需要知道为什么有三代夸克和轻子，或者自然界是否遵守超对称，或者暗物质是什么吗？是的，我这样认为。因为解答这类问题是了解自然中一切规律（非历史偶然性的一切）是如何遵循几条简单定律的下一步。

在卢瑟福发现原子核之后的这些年里，随着量子力学的出现，这一计划第一次有了实现的可能。在那之前，化学被视为另一门独立科学，其基础理论与物理原理并不相关——以至在 19、20 世纪之交，尽管在通过物理原理推出化学定律方面还没有做任何工作，科学家便开始说物理学已经完成了。物理学家们并不担心那些，因为对他们来说，解释化学并不是他们的工作。但是在 1929年，量子力学发展起来之后，狄拉克宣布"更广泛的物理学和整个化学的数学理论所需要的内在物理规律已经完全知晓了"。

这一还原论的计划——将所有科学原理追溯到几条简单的物理定律——并不是唯一重要的科学，甚至不是唯一重要的物理学。但它自有一种特殊的重要性，将会继续激励下一个世纪的粒子物理学家们。

04 安息于得州的教育家和学者们

　　我从来没有多想过我的葬礼。我只需要一个不错的骨灰盒，甚或一个空的咖啡罐。但是当奥斯汀的得克萨斯州墓园为我和我妻子提供了一块墓地的时候，我忍不住觉得很高兴。州墓园在奥斯汀的东边，是一块宜人的绿地，附近一个街区有家不错的墨西哥餐馆。在纽约、加利福尼亚州和马萨诸塞州生活了多年之后，我和妻子在得克萨斯州安了家，并且很高兴地了解到我们在这里会永久地受到欢迎。

　　所以当得克萨斯大学出版社邀请我为他们一本关于州墓园的书撰稿时，我出于感恩之情同意了。他们邀我为关于安葬在公墓中的教育者和学者们的章节写一篇导言。我不得不挖掘了得克萨斯的一些历史片段，希望这些历史能够吸引那些原本对墓园没有兴趣的读者。

当移民们初到得克萨斯的时候，他们面临着诸多问题，包括开荒农垦、与印第安人战斗、处理得克萨斯独立战争和内战造成的严重分歧，问题多到根本顾不上担忧高等教育。即便如此，从一开始就有一些得州人梦想着建立一个文明社会，拥有高等学院和大学方显其荣耀。最初的学院是在得克萨斯共和国时期建立的小型教会学校：1840年成立的西南大学，以及1845年成立的贝勒学院，即如今的玛丽·哈丁-贝勒大学。三一大学（以三一河命名）则是在美国内战后的1869年建立。

这些学校得到的资助都无法与东部的哈佛和耶鲁相提并论。只有州政府有资源可以建成一所重点大学。得克萨斯共和国曾呼吁建立一所"一流"大学，并且留出周长240多千米的土地作为资助，却从未真正着手建设一所大学。博物学家吉迪恩·林瑟肯作为第一位在科学上获得国际声誉的得州人，是自学成才的，也从没在大学任职。

1876—1881 年，得州终于开始建立大学：得州农工大学卡城分校、草原风光农工大学、得州大学奥斯汀分校以及加尔维斯顿的医学部。这一过程中，贡献最大的是阿什贝尔·史密斯，他是草原风光农工大学成立的总干事、得州大学建校校委和首任校长，并且是医学部的倡导者。

从此以后，得州的大学和学院的能力和知名度逐渐提高。其中三所——得州大学奥斯汀分校、得州农工大学卡城分校、莱斯大学，现在都是国际知名的研究中心；得州大学医学部和贝勒大学医学院位居国际最优之列；得州的其他多所学校都有其优异之处。

高等教育的发展既影响了得州的公众生活，同时也受其影响。曾长期担任得州大学法学院院长的佩杰·基顿，在 20 世纪五六十年代坚定地维护了学术自由，并且遵从最高法院决议的指令和精神，让法学院对黑人学生开放。首位黑人女众议员芭芭拉·乔丹为公众效劳一生之后，来到了得州大学 LBJ 学院，将她的智慧和精神贡献给了学院。

尽管得州的高等教育在不断发展，在得州墓园中安息的学者和科学家却屈指可数。部分原因是在很多年里，墓园只接收内战退伍军人、州当选官员、州议会成员以及这些人的家属。得到了州长的文告或者在立法行动之后，墓园才接纳了历史学家弗兰克·多比和佩杰·基顿。1997年，立法机关成立了得州墓园委员会，这一委员会可以决定接收在任意领域为本州做出了杰出贡献的得州人。教育者们大概不会拥有可以和"得克萨斯之父"斯蒂芬·奥斯汀或者美国内战时的南方首任两线总司令阿尔伯特·西德尼·约翰斯顿纪念碑比肩的墓碑，但是至少他们可以安息在此，为得州科学与学术的繁荣给出无声的证明。

05 标准模型的兴起

　　《纽约书评》创刊于 1963 年，正值导致《纽约时报》和其他一些报纸停刊的印刷工人罢工期间。在罗伯特·西尔弗斯和芭芭拉·爱波斯坦（直到 2006 年去世）的带领下，《纽约书评》逐渐发展，被另一家杂志称为"最重要的英文语言文学知识杂志"。自从我在 1995 年发表了我的第一篇文章，我一直非常享受为《纽约书评》写作。《纽约书评》给作者们提供了一个表达看法的机会，范围不仅可以超出对所评书籍的价值的判断，有时甚至完全不需要做任何评论。而且我发现，和西尔弗斯一起工作，使我的写作水平有了显著提高，而我和其他期刊的编辑合作时并不总是这样。所以 2013 年，当我被邀请和其他 24 位作者一起为《纽约书评》的 50 周年纪念特刊撰稿时，我非常高兴。下面的文章在 2013 年 11 月发表于 50 周年纪念特刊上。

在过去 50 年里，物理学的两大分支都发生了历史性的转变。我记得宇宙学和基本粒子物理学在 20 世纪 60 年代都是一片嘈杂，充斥着相互矛盾的猜想。现在，两个领域各自有了一个被广泛接受的理论，被称为"标准模型"。

宇宙学和基本粒子物理学跨越了我们所知的最大距离到最小距离。宇宙学家们展望宇宙的边际，这是自从 138 亿年前宇宙对光变得透明之后，光可以传播到的最遥远的距离。基本粒子物理学家们则探索远远小于原子核的距离。然而，这两个标准模型确实有效——它们允许我们进行高精度的数值预测，而且结果与观测相符合。

在某种程度上，宇宙学和粒子物理学的故事可以分开讲。但到本文末尾，就像在我们的科学工作中一样，两者会融为一体。

科学的宇宙学始于 20 世纪 20 年代。当时人们发现，在恒星之间的固定位置总可以观察到的那些小小的云状物，实际上每一个都是像我们的银河系一样的遥远星系，其中包含数十亿颗恒星。接下来人们发现，这些星系都在快速地远离我们，也远离彼此。数十年里，宇宙学的研究几乎全都在试图确定宇宙膨胀的速率，并且测量出这一速率可能如何变化。

奇怪的是，几乎没有人注意到一个明显的结论：如果星系在快速分开，那么在过去，一定有一段时间，这些星系都挤在一起。根据所测得的膨胀速率，可以得出结论，这一时间是数十亿年前。20 世纪 40 年代末的计算表明，早期宇宙一定非常热，否则宇宙中所有的氢（目前极其常见的元素）就应该聚合成更重的元素。这种热物质应该会发光，这些光则会存在至今并因宇宙的膨胀而冷却，只比绝对零度高几度，以一种微弱的微波辐射存在。[1]

但是没有人尝试寻找这种剩余宇宙微波背景辐射，这一预言也几乎被忘记了。有一段时间，一些理论学家甚至

---

[1] 如果辐射在单位体积和单位波长范围内的能量，与墙壁保持在特定温度时一个房间中的辐射相同，辐射就具有这一温度。如果温度是数千度，这一辐射就主要是可见光的形式；如果是我们在日常生活中熟悉的温度，就主要是红外线的形式；如果是绝对零度之上几度，就是微波辐射。

怀疑宇宙是处于稳恒态的，即有新的物质不断出现，来填充退行星系之间产生的空隙，因此宇宙看起来几乎总是一样的。

48年前，人们偶然发现了宇宙微波背景辐射，科学宇宙学的现代时期就此开始了。稳恒态宇宙学到此为止——早期宇宙确实存在过。从此之后，人们使用地球轨道无人卫星，以及大型地基射电望远镜，深入研究这一微波辐射。我们现在知道，它当前的温度是绝对零度之上2.725摄氏度。当用这一数据计算大爆炸后最初三分钟原子核的形成时，当前轻元素（氢、氦和锂的同位素）的预测丰度与观测基本相符（关于锂有一些疑义）。人们已经知道更重的元素是在恒星内部产生的。

比测量这一温度的精确值更重要的，是1992年的一项发现——天空中的微波辐射温度并不完全相同。温度存在小的波纹，大约有十万分之一的起伏。这并不出乎意料，必须要有早期宇宙中的物质团块引起的这样的小波纹，而这些团块是后来万有引力将物质凝聚成星系所必需的种子。

这些团块和波纹来自早期宇宙物质中混乱的声波。只要宇宙的温度仍高于约3 000度，这种灼热物质中的电子就是自由的，持续地将辐射散射开来，因此这种声波的压缩和稀释就造成了辐射强度上的相应变化。我们不能直接看到这一时期，因为辐射和自由电子的相互作用使这一时期的宇宙不透明。但是当宇宙冷却到 3 000 度的时候，自由电子被锁在了氢原子中，宇宙就变得透明。当时存在的辐射留存下来，只是被接下来宇宙的膨胀所冷却，但仍然携带着宇宙变透明之前充满宇宙的声波的印记。

这些物理过程不可避免地接受了严密的观测和理论研究。这些工作表明，在原子核形成后的约 38 万年，宇宙突然变得透明了。根据观测到的宇宙微波背景上波纹的细节，我们可以计算出在宇宙透明之前必然存在的各类基本粒子的丰度。

这项研究的结果揭示了一个谜团。要解释传播声波的灼热物质的质量，我们已知的粒子并不够。宇宙中足有 5/6 的物质必须是既不发光也不吸收光的某种暗物质。在此之前，人们已经推断出现今宇宙中存在这些暗物质，因为人们观测到星系团中的星系具有很高的随机速度，但星系团仍可以由万有引力吸引到一起。一个巨大的谜题来了：暗物质是什么？围绕这个谜题出现了大量理论。人们也试图用地球上的探测器抓住周围的暗物质粒子或者其湮灭的残余物，或者在加速器中创造暗物质。但是目前为止，人们还没有找到暗物质，也没有人知道它是什么。[1]

天文学家一直致力于测量星系远离我们同时远离彼此的速度。他们的工作有了一个伟大的发现。由于星系之间的万有引力，人们曾自然地以为宇宙的膨胀必然在变慢，就像向上扔的石头在地球万有引力的影响下减速上升一样。一直以来的大问题是，宇宙的膨胀是否会最终停止并且反向，就像石头掉回地面一样；还是尽管在变慢却仍然持续膨胀下去，就像一块向上扔的石头超过了逃逸速度一样。1998 年，两组天文学家使用爆炸恒星的视亮度来测量遥远星系的距离，结果都发现宇宙的膨胀根本不是在变慢，而是在加快。在广义相对论的规则下，只能用一种能量解释这一现象，这种能量并不包含在任何暗或者不暗的粒子中，而是空间本身内生的一种"暗能量"，它产生出一种反重力，使星系彼此远离。

通过这些测量，也通过研究宇宙膨胀对微波背景辐射的影响，人们发现暗能量现在占宇宙总能量的大约 3/4。我们也了解到，宇宙在变透明后已经膨胀了 138 亿年。所

---

[1] 2018 年的时候仍然如此。

以现在我们有了一个宇宙学的标准模型：我们正在膨胀的宇宙主要由暗能量和暗物质组成。在这片黑暗之中，有一些小的污染物，百分之几的普通物质，这些物质组成了恒星、行星和我们。

基本粒子物理学的发展进程和宇宙学非常不同。50年前的我们并不是缺乏数据，而是淹没在无法理解的数据之中。进步通常是从理论进步开始的，实验则在相互矛盾的理论之间扮演裁判。

到20世纪40年代末期，我们有了一个很好的理论，可以解释作用在诸如电子这样的基本粒子上的一种力——电磁力。这一理论是量子电动力学，它是一大类理论中的一种特殊情况，这一大类理论被称为量子场论。也就是说，出现在基本方程中的量是场，场充满空间，就像水充满水池一样。基本粒子是次要的，是场中的"量子"，即场的能量与动量的束，就像水中的漩涡。光子是光的无质量的粒子，是电磁场的量子。电子则是电场的量子。

因为力相当微弱，量子电动力学中的计算可以做得极为精确。在一种量子场论中，任何过程的可能性都由很多项之和给出，其中每一项对应于发生过程中可能出现的中间步骤的一种顺序。比如，当两个电子碰撞的时候，一个电子可能释放出一个光子由另一个电子吸收；或者一个电子可能释放出两个光子由另外一个电子吸收（吸收顺序是释放的顺序或者相反的顺序）；或者一个电子可能发射两个光子，其中一个光子被发射它的电子吸收，另一个光子被另一个电子吸收；等等。

这些场景的总数量是无限的，通常不可能精确计算。但是当力较弱时，过程概率主要来自最简单的场景。在量子电动力学中，只留下几个贡献最大的项，其他都忽略掉，得出的结果与实验惊人地吻合。50年前，我们中的一些人梦想找到一种更全面的量子场论，希望能够像量子电动力学描述光子和电子那样，对自然中所有的粒子和力进行那么贴切的描述。事实也的确（多多少少）如此。

这花了一些时间。还有一种力比电磁力更弱，叫作弱核力，它有时会将原子核中的中子变成质子，或者把质子变成中子。到了20世纪50年代，人们通过研究放射性得到了关于弱核力的量子场论，它可以很好地解释现有数据。麻烦是，将这一理论应用到熟悉的放射性领域之外，并用它计算难以进行实验研究的异常过程时，它给出了无穷大的结果，这显然是荒谬的。在量子电动力学的早期发展中也遇到过类似的无穷大，但是理论学家们后来意识到，如果我们仔细地定义电子的质量和电荷（这一过程被称为重整化），这些无穷大都会抵消。[1] 但是对于弱核力，似乎不可能存在这样的抵消。

20 世纪 60 年代末发现的解决办法是关于弱核力的一种新量子场论。这一理论不仅模仿了量子电动力学，而且将量子电动力学作为一种特殊情况包括了进来。在这种"电弱"理论中，就像电磁力通过交换光子传递一样，弱核力是通过交换 W^+、W^- 和 Z^0 等相关粒子传递的。

这类理论有一个显而易见的问题：光子没有质量，而 W^+、W^- 和 Z^0 粒子必须非常重，否则人们在数十年前就该发现它们了——粒子越重，在加速器中产生它所需的能量就越大，加速器就越昂贵。答案在于所谓对称破缺的想法，这一想法自从 1960 年就已经成功应用到了粒子物理学的其他领域。一个理论的方程可能具有特定简单性，比如光子、W^+、W^- 和 Z^0 粒子之间的关系，但描述我们实际观察结果的方程的解却不具有这种性质。[2] 在电弱理论

---

[1] 也就是说，有些项对于一个概率或能量的贡献是正的无穷大，其他一些是负的无穷大，但是加起来是有限的。

[2] 我在之前一篇文章中讨论过这种破缺的对称性，即本书的第 11 篇文章。

中，弱核力与电磁力的对称性是破缺的，W^+、W^- 和 Z^0 粒子以及电子从 4 个假设的充满宇宙的"标量"场中获得质量。[1] 2012 年发现的一种新粒子看起来是这些标量场之一所预言的量子。[2]

因为电弱理论的方程与量子电动力学的方程类似，看来这一理论中所有无穷大可能会抵消。这在 1971 年得到了证实。1973 年，人们探测到了 Z^0 粒子交换的效应，并且结果符合电弱理论的预期。W^+、W^- 和 Z^0 粒子则在 10 年后被发现，它们的性质都符合人们的预期。

人们又多花了一些时间才理解另一种力——强核力，它将原子核中的质子和中子聚集在一起。50 年前，关于这种力的数据堆积成山，并且我们可以想出无数的量子场论描述这种力，但我们无法用这些数据挑选出正确的理论。因为这种力很强，在这些理论中，中间步骤的每种可能顺序都为我们的计算结果做出了重大的贡献。我们不可能像对电弱理论那样近似地将这些贡献加起来。

更糟的是，随着时间过去，人们发现了越来越多类型

---

1 标量场是一个在空间中不指向任何方向的场，不像电场或磁场那样有一个特定的方向。

2 见本书第 13 篇文章。

的粒子，这些粒子都受到强核力作用。所有这数百种粒子似乎不可能都是不同场的量子或能量束，每种场对应一种粒子。通过假设它们都是由被称为夸克的几种真正基本粒子组成的复合体，可以在某种程度上理解所有这些粒子。人们假设原子核中的质子和中子由三种夸克组成。但如果是这样，为什么实验者们尚未找到这些夸克呢？我记得一种广泛的令人绝望的怀疑是，强核力能否用某种量子场论来解释？

到20世纪70年代早期，正确的理论被发现了。就像成功的电弱理论一样，它也类似于量子电动力学，只是用一个被称为颜色的物理量代替电荷。在这一被称为量子色动力学的理论中，夸克之间的强核力是通过交换被称为胶子的类似光子的8种粒子产生的。量子色动力学解释了一个实验结果——当在精细的距离尺度上研究夸克的时候，比如夸克被高能电子撞击时，它们之间的强相互作用似乎变弱了。这种变弱现象使我们有可能像在电弱理论中一样做一些近似计算，并且结果与实验相符，证实了该理论。

人们从没在任何实验中找到过胶子。一开始，人们认为这是由于这些粒子的质量太大了，不能在现存的加速器中产生出来。就像 W^+、W^- 和 Z^0 粒子在电弱理论中获得质量的方式一样，胶子可以通过一种对称破缺获得极大质量。即便如此，为什么从未找到夸克仍然是一个谜。很难相信夸克非常重，它们总不会比质子和中子这样包含夸克在内的粒子还重。

然后一些理论学家提出，既然量子色动力学中的强核力在小距离尺度研究时变弱，也许在大距离尺度研究时它就会变得非常强。因为实在太强，以至不可能将夸克和胶子这样的有颜色的粒子分开。没有人在数学上证明过，但是大部分物理学家相信这是真的。

所以现在我们有了一个基本粒子的标准模型。它的构成包括量子场，以及这些场的量子——各种各样的基本粒子：光子，W^+、W^- 和 Z^0 粒子，8 种胶子，6 种夸克，电子和两种类似的粒子，三种几乎没有质量的叫作中微子的粒子。这一理论的方程并不是随意的，它们被各种各样的对称原理和无限大的抵消条件严格限制。

即便如此，标准模型也很明显不是终极理论。它的方程包含很多数字，比如各种夸克的质量，这些数字只能通过实验测得，我们不理解为什么会是那样的数值。而且，标准模型并不包括人类了解时间最长也最熟悉的力——万有引力。我们通常使用广义相对论这种场论来描述万有引力，但是它不是一种量子场论，在那种量子场论中，无穷大会像在标准模型中一样抵消。

自20世纪80年代起，大量复杂的数学工作被投入一种量子理论的发展。在这一理论中，基本的要素不是粒子或者场，而是微小的弦，我们观察到的弦的各种震动模式形成了各种基本粒子。这些模式之一对应于引力子，是引力场的量子。如果弦论是正确的，它并不会说明标准模型或者广义相对论这样的场论不可靠，只是会将它们降格为有效场论，也就是在我们能够探索的距离和能量尺度上的有效近似。

弦论很有吸引力，因为它包含引力子，不包含无穷大，并且其结构被数学上的一致性条件紧紧束缚住，所以看起来只有一种弦论。不幸的是，尽管我们现在还不了解弦论的基本方程，但有理由相信不论方程是什么，它们都有大量的解。我一直是弦论的粉丝，但是目前还没有人成功找到对应于我们所观测到的世界的一个解，这令人失望。

基本粒子物理学和宇宙学的问题日渐融合。一个经典的宇宙学问题是：为什么宇宙是几乎均匀的呢？宇宙变透明至今的138亿年里，任何物理影响都来不及将我们看到的相反方向上的宇宙联系起来，也来不及将宇宙变成我们观测到的在各个方向上的密度和温度都是均匀的。20 世纪 80 年代早期，人们发现在各种量子场论中，在原子核形成之前，应该有一个更早的"暴胀"时期，在这一时期宇宙以指数方式膨胀。曾经极小的高度均匀的区域在暴胀中扩大到比现在所观测到的宇宙还大，并仍保持近似均匀。这种推理非常可疑，但是它获得了巨大的成功：计算表明，暴胀期间的量子涨落恰好引发了那种混乱的声波，几十万年后，我们现在在宇宙微波背景辐射中看到了这种声波的印记。

暴胀天然就是混乱的。膨胀的宇宙中形成了很多泡泡，每一个都变成了一个大或者小的爆炸，我们称为自然常数的那些数值可能在每一个泡泡里都有所不同。一个泡泡的居民（如果有的话）不能观测到其他的泡泡，所以对他们来说，他们的泡泡看起来就是整个宇宙。所有这些宇宙加起来就是所谓的多重宇宙。

这些不同的泡泡可能会穷尽弦论方程的所有不同解。如果确实如此，要想为我们在大爆炸中观测到的夸克质量和标准模型中其他常数的精确值找到一个合理的解释，就不太可能了，因为它们的取值仅仅是一个巧合，刚好发生在多重宇宙中我们所居住的这个部分。对于我们观测到的宇宙的某些方面，我们必须满足于一个粗糙的人择原理的解释：任何像我们一样能够研究宇宙的生物，必须生活在宇宙中这样的一个部分——其自然常数允许生命与智慧的演化。人类可能的确是万物的尺度，尽管并不完全是古希腊哲学家普罗泰戈拉所表达的那个意思。

到目前为止，对我们观测到的暗能量的数值来说，人择原理的推测似乎是唯一的解释。在标准模型和其他所有已知的量子场论中，暗能量只是一个自然常数。它可能取任何值。如果我们找不到更好的解释，我们可能会发现暗能量的密度与基本粒子物理学中的典型能量密度近似，比如原子核中的能量密度。但是那样的话，这个宇宙就会膨胀得过于迅速，以至不会形成任何星系、恒星或行星。如果想要生命得以演化，暗能量就不能比我们观测的值更大，也没有理由让它变得更小。

这样粗糙的人择原理的解释并非我们在物理学中希望得到的，但可能我们不得不满足于此。物理学的历史性进展并不只是发现自然现象的精确解释，也包括发现哪类事物可以被精确解释。这些事物可能比我们曾经认为的要少。

06 长的时间和短的时间

在《数沙者》中，阿基米德通过估算填满宇宙所需要的沙粒数量，展示了他知道如何处理大数字。当然，他并不知道宇宙的大小，他使用的是阿里斯塔克斯估计的到球形宇宙边缘的距离。当时的人认为宇宙是球形的，恒星就在那个球壳上旋转。这没什么关系——他想说的无关天文学，而是关于数学。他用"万""万万""万万个万万"等来描述大的数字。这用现代术语来讲要简单多了：一万是 10 000，也就是 10 自乘 4 次，写作 10^4；万万是 10^4 乘以 10^4，即 10^8；万万之万万是 10^8 乘以 10^8，即 10^{16}；等等。阿基米德的结论用现代记数表示的话，填满宇宙需要的沙子不超过 10^{63} 粒。

阿基米德在《数沙者》中关注的是体积：用很大的数字乘以一粒沙的体积来表示恒星天球的体积。科学家们也必须处理其他各类非常大和非常小的数量，我们也用 10 的次方来描述。荷兰乌得勒支大学的物理学家杰拉德·特·胡夫特和斯蒂芬·范多伦将现代物理学中遇到的巨大时间尺度在一本书中做了描述——《时间之幂》，最初以荷兰语出版，并且由特·胡夫特的女儿萨斯基亚画了可爱的插画。2013 年 7 月，我收到了一封特·胡夫特发来的电子邮件，问我能否为这本书的英文版写一篇前言。特·胡夫特是一位伟大的当代理论物理学家，是我的老朋友，而且我一直在思考物理学和天文学历史上遇到的时间尺度，因此我同意了。胡夫特和范多伦这本书的英文版在 2014 年由世界科学出版社出版，下面的短文就是这本书的前言。

普通人经历的时间跨度从几秒钟到数十年，其中最长和最短的时间间隔相差 10 亿倍左右。但是科学发展的一个标志就是科学家们越来越熟悉人类生活中体验不到的、极为漫长或者极为短暂的时间间隔。

大约公元前 150 年,希腊天文学家希帕克观测到秋分时太阳在恒星背景上的位置缓缓移动,按照这个速度,秋分时的太阳需要大约 27 000 年绕黄道带一整圈。牛顿后来将这种分点进动解释为地球自转轴缓慢晃动引起的效应。而自转轴的晃动则是太阳和月亮对地球赤道凸起的万有引力造成的。现在我们知道地球的自转轴进动每 25 727 年完成一圈。希帕克第一次对一个远远超过人类寿命的时间间隔进行了严肃的科学计算,而且他的结果误差只有大约 5%。

在 21 世纪,我们已经习惯于更长的时间尺度。从铀同位素的相对丰度,我们可以推断,太阳系形成时的原始物质是大约 66 亿年前一颗恒星爆炸所产生的物质。继续往回看,通过观测星系如今相互远离的速度,我们可以推断出,138 亿年前,宇宙中的物质压缩得非常厉害,当时没有星系、恒星,甚至都没有原子——只有灼热浓密的基本粒子气体。

我们的经验向更短时间间隔的延伸更富戏剧性。通过观测类似散射这类与光的波动性有关的现象,在 19 世纪早期，人们了解到可见光的典型波长是一厘米的大约万分之 0.3 。当时已知光的传播速度约是 30 万千米每秒，所以光波的周期，也就是光传播一个波长所需要的时间，就是大约 10^{-15} 秒（1 秒的千万亿分之一）。这和原子中的电子绕转一周的时间（只考虑经典描述）差不了太多。

现代基本粒子物理学所研究的时间间隔还要短得多。W 粒子（弱核力令放射性核里的中子转变成质子，而 W 粒子就是引起弱核力的带电重粒子 ）的寿命只有 3.16×10^{-25} 秒，这个时间还不够接近光速飞行的 W 粒子走过一个原子核的直径。

我觉得非常值得一提的，不仅是科学家们开始面对这些极长和极短的时间间隔，而更令人惊叹的是我们的实验和理论已经足够可靠，所以我们能够给出精确的数字，比如 138 亿年和 3.16×10^{-25} 秒，并且有一定的信心认为我们了解自己所谈论的事物。

07　关注当下——科学的辉格史

　　我从 1972 年开始对科学史很感兴趣，当时我写了自己的第一本书——关于广义相对论的研究生论文。[1] 为了讲清楚爱因斯坦假设的动机，我从历史介绍开始，总结了这些想法的前因：非欧几何的历史、万有引力理论的历史，以及相对性原理的历史。

　　那本书中对历史的探讨几乎都基于二手资料和已发表的研究文章，但是我在写第二本书时做得更好一些，那是一本面向普通读者的关于现代

---

[1] Steven Weinberg, *Gravitation and Cosmology: Principles and Applications of the General Theory of Relativity* (New York: Wiley, 1972).

宇宙学的书，在 1977 年出版。[1] 为了写这本书，我还采访了与 1965 年发现微波背景辐射有关的物理学家和天文学家，了解他们当时所面临的困难。宇宙微波背景辐射是早期宇宙残存的辐射。

后来我决定尝试向本科生教授物理学的历史。20 世纪 80 年代初，我先是在哈佛，随后在得州大学教授了一门课程，内容是人类如何发现了原子的组成——电子、质子、中子。这些内容组成了另一本书。[2] 由于对历史着了迷，后来我关于量子场论和量子力学的论文也是以历史介绍开始的。除了解释这些理论背后的思想从何而来，我也希望让使用这些理论的学生能够感觉到自己是一个宏大历史传统的一部分。

这些写作和教学中的大部分都只涉及物理学和天文学的现代史，大约从 19 世纪末到现在。而我越来越感觉需要更深地挖掘，了解科学史上更早的时

[1] Steven Weinberg, *The First Three Minutes: A Modern View of the Origin of the Universe* (New York: Basic Books, 1977; updated ed., 1988).

[2] Steven Weinberg, *The Discovery of Subatomic Particles* (New York: Scientific American Library, 1983; rev. ed., Cambridge: Cambridge University Press, 2003).

代，那时科学的目标和标准还没有变成现在的形态。为了了解更早的历史，我主动提出在得州大学为本科生讲授关于物理学和天文学史的课程。基于这些课程的讲义，又产生了一本书，在 2015 年出版。[1]

尽管我在这本书中对科学史上的错误、失败的开始，甚至不端行为给予了充分的关注，但是总的来说这算得上一个进步的故事，从古希腊人最初的低效尝试，到希腊化时期天文学家、数学家和物理学家早熟的科学，随后经过在中世纪伊斯兰和基督教世界断断续续的进步，直到科学革命中现代科学的繁荣。我知道这种进步的故事已经不时兴了，并且我有意对科学史采用了常被诟病为"辉格解释"的方法。所以当有些历史学家——尽管没在书中找到明显的错误——表示不喜欢其主题时，我并不惊讶。

这场混乱的结果是，美国物理学会于 2016 年 3 月在巴尔的摩召开学术会议的时候，将一个环节命

---

[1] Steven Weinberg, *To Explain the World: The Discovery of Modern Science* (New York: HarperCollins, 2015).

名为："对话作者：斯蒂芬·温伯格的《给世界的答案》"。2015 年 12 月，《纽约书评》发表了我提前写好的演讲，也就是下文。

最早描述并谴责所谓"历史的辉格解释"的人是剑桥历史学家赫伯特·巴特菲尔德。1931 年，年轻的巴特菲尔德在一本以此为名的书中宣称，"研究过去的时候，将一只眼睛——可以这么说——盯着当下，是历史中一切罪恶和诡辩的来源"[1]。他着重批评了包括阿克顿勋爵在内的一些历史学家。这些历史学家将过去置于现代的道德评价下，比如他们只把辉格党人查尔斯·詹姆士·福克斯描绘成不列颠的自由主义的拯救者，而看不到其他。并非巴特菲尔德个人不愿意进行道德评判，他只是觉得这不是历史学家的事。按照巴特菲尔德所说，研究 16 世纪的天主教和新教的辉格式历史学家们，"除非他能说出哪个派系是正义的，否则就

---

[1] Herbert Butterfield, *The Whig Interpretation of History* (1931; republished, New York: W. W. Norton, 1965). 我在本文中会遵循巴特菲尔德的习惯，"辉格"指代政党时大写，指代学术倾向时小写。（简体中文版中则用"辉格党"和"辉格式"来区分。——译者注）

感觉还有些事悬而未决"。

后来的历史学家们热切地采纳了巴特菲尔德的指摘。对历史学家来说，被叫作"辉格"，就像被称为"性别歧视主义者""欧洲中心主义者"一样可怕。科学史也未能幸免。科学史家布鲁斯·亨特回忆，他在 20 世纪 80 年代初就读研究生学院时，"辉格派"是科学史中一个常见的蔑称。为了免受这种指控，人们不再讲发展进步的故事或者任何"大局"故事，而是转向小事件的描述，严格地聚焦在一段时间和空间。

尽管如此，在我教授物理学和天文学史课程，并随后将我的讲义加工成一本书的过程中，我开始认为，不论在其他各类历史中人们如何看待辉格史观，在科学史上它是有一席之地的。很明显，在艺术史或时尚史中不能说正确或者错误，在宗教史中也不可能，在政治史中是否可能则可以探讨。但是在科学史上，我们确实可以说谁是对的。根据巴特菲尔德所说，"一个人永远不能说终极问题、后续发生的事件，或者时间流逝证明了路德是正确的而教皇不是，或者说皮特是错的而查尔斯·詹姆士·福克斯是对的"。但是我们可以完全自信地讲，时间的流逝已经证明，关于太阳系，哥白尼是对的，而托勒密的信徒们错了，牛顿是正确的，而笛卡尔的追随者们错了。

尽管科学史因此具有一些特别之处，使得辉格式解读有其用处，但是关注当下的想法也给一些专业的历史学家造成了困扰。没有从事过科学工作的历史学家们可能感觉到，他们达不到活跃科学家对于当代科学的理解程度。另一方面，像我这样的科学家必须承认，我们不能达到专业历史学家对于史料的掌握程度。所以应该由谁来写科学的历史呢？历史学家还是科学家？答案对我来说很明显：都可以写。

我要透露，这是和我有利害关系的，至少一本书的关系。[1] 我提到的这本书基于我在得州大学奥斯汀分校的讲座，我在其中提到"我将会靠近当代历史学家们非常小心避开的危险区域：使用当前的标准评判过去"。书评大多是肯定的，但是发表在《华尔街日报》上的一篇书评（一个专业史学家所写）严厉批评了我对当下的关注。这篇书评的标题是"科学的辉格式解释"。

现在，巴特菲尔德等人对于辉格式的批评，要么与科学史无关，要么毫无争议。当然，我们不应该过分简化或

---

1 这本书就是《给世界的答案》。

者进行道德评判，比如将某些过去的科学家说成完美无瑕的英雄或者永不犯错的天才，而把另一些人说成坏蛋或者傻子。比如，我们绝不能掩饰伽利略在与耶稣会大学教授格拉希的一次关于彗星的辩论中完全错了，或者牛顿篡改自己的计算以符合对地球自转轴进动的观测。无论如何，我们应该把现在的标准用在考量想法和实践上，而不是用于评价个人。最重要的是，我们不能假设前人以我们的思考方式思考，以为他们只是缺少些信息。

"研究过去的时候，将一只眼睛——可以这么说——盯着当下"，这是巴特菲尔德对我们小心当下主义的警告，这对辉格式科学史学家仍然是一个严峻的挑战。在 1968 年列出的注重内在发展的科学史准则中，托马斯·库恩主张"历史学家应该尽可能地（永远不会完全如此，如果是的话就写不出历史了）放下他所了解的科学"。[1]一些社会学家，包括巴斯大学著名的科学知识社会学研究组，将科学史作为一种社会现象来研究，则更加坚决地反对使用当前知识。

---

[1] T. Kuhn, "The History of Science," in *International Encyclopedia of the Social Sciences*, vol. 14 (New York: Macmillan, 1968), 76.

同时，科学史中的辉格派也并不缺少捍卫者。尤其是曾经的科学工作者，比如爱德华·哈里森[1]、尼古拉斯·贾丁[2]、恩斯特·迈尔[3]。我想这是因为科学家们需要这样的科学史——关注当下科学知识的科学史。我们并不认为自己的工作仅仅是此时此地文化（比如议会制民主或者莫里斯舞）的表达。我们认为存在一个可以上溯千年的解释世界的过程，而我们的工作是其中的最新阶段。我们如何到达了现今的理解（尽管此理解仍不完美）是一个有益的故事，我们可以从中获得观点和动力。

当然，历史不应该忽略那些有影响力又被证明是错误的历史人物，否则我们就永远无法理解把事情弄对需要付出什么代价。但是，只有我们能够认识到有些人错了而有些人对了，故事才有意义，而只有通过现有知识的视角，才能做到这一点。

什么对了或错了呢？只通过对错来给一个过往科学家

---

[1] E. H. Harrison, "Whigs, Prigs, and Historians of Science," *Nature* 329, no. 213 (September 1987).

[2] N. Jardine, "Whigs and Stories: Herbert Butterfield and the Historiography of Science," *Journal of the History of Science* 41, no. 125 (2003).

[3] E. Mayr, "When Is Historiography Whiggish?," *Journal of the History of Ideas* 51, no. 2 (1990): 301-309.

打分的辉格式历史不会太有趣。在我看来，更重要的是勾勒出几个世纪以来人们在学习如何了解世界这件事上缓慢而艰难的进展：我们可以指望解答哪类问题？哪类概念可以帮助我们找到这些答案？我们怎么才能知道某个答案是否正确？我们可以辨认哪些历史实践能让未来科学家走上正确的道路，哪些古老的问题和方法不得不被抛弃。人们如此艰难才获得了现在的理解，如果不考虑这一理解，就无法得到上述问题的答案。

举一个对过去进行辉格式评判的例子，比如古老的基本问题，世界是由什么物质组成的？很多人将此归功于阿布德拉的德谟克利特，他在公元前 400 年左右提出物质是由在虚空中运动的原子组成的。当今希腊一所顶尖大学就是以德谟克利特命名的。然而，从现代角度来看，德谟克利特关于原子的美妙猜想不代表任何科学方法上的进步。德谟克利特现存的很多著作残篇中，没有描述可以推测出原子的任何观察，他或者古代世界的任何人也完全未能利用这一想法去证明物质的确由原子组成。尽管德谟克利特关于物质说对了，但他在如何了解世界上是错的。在这一点上，他并不孤单。早于亚里士多德的人似乎都未能理解，关于物质的推测性理论需要通过观察来证实。

对亚里士多德的评价可以很好地测试一个人对科学史的态度，因为狭义上讲，亚里士多德是第一位科学家，并且其后科学史的一大部分都是对他的学说的回答。亚里士多德主张地球是球形的，不仅因为理论上这一形状允许最多的土元素靠近宇宙中心，而且也基于观测：月食的时候，地球投到月球上的影子边缘是弯曲的，而一个人向南或向北行进的时候，星空看起来会有变化。然而，亚里士多德的工作表明，他并未理解数学应该是自然研究中的重要部分。比如，他完全没有尝试使用不同纬度处的夜空观测来估算地球的周长。他的理论是行星在各自的天球上运动，天球又在其他天球支配下旋转，且所有这些天球都以地球为中心。这一理论只定性地符合观测到的行星运动，却不能定量地符合观测。但这未引起他以及其众多追随者的担忧。

在希腊化时期及后来罗马帝国时期的希腊，数学开始在科学中得到建设性的应用。大约 150 年，克罗狄斯·托勒密最终确定了一个与观测结果相当吻合的关于行星视运动的数学理论。（在托勒密理论的最简单版本中，行星沿着叫作本轮的圆运动，本轮的圆心则沿着更大的以地球为中心的圆运动。）根据现有知识可以知道，这一理论符合观测是意料之中的事，因为托勒密理论的最简单版本所预测的太阳、月亮与行星的视运动，与后来哥白尼理论的最简单版本的预测相同。然而在1 500年里，被称为天文学家或者数学家的托勒密的追随者与被称为物理学家的亚里士多德的追随者之间的争论仍在继续。关于太阳系中的实际运动，托勒密是错了，但是在需要定量符合观测方面，他是对的。

16—17世纪科学革命的伟大成就之一，就是建立起了数学与科学之间的现代关系。数学对于毕达哥拉斯来说很重要，但那是数字神秘主义的一种形式；对柏拉图也很重要，但那是作为纯粹演绎科学的一个模型，而纯粹演绎科学已经被证明不可能有效。数学与自然科学的现代关系，由惠更斯讲了出来，他在1690年的著作——《光论》的前言中写道：

> （在本书中）看到的论证，不像几何学中的论证那样反映出很强的确然性，二者的差异甚大，因为几何学家是用确定的、无可争辩的原理来证明他们的命题，而这里的原理是由它们引出的结论来检验的。这些东西的性质不允许以其他方式论证。

值得一提的并非是惠更斯懂得了这一点，而是在进入17世纪之后，这句话仍然需要强调。

实验是人工安排的场景，比我们在自然中遇到的情景更能揭示真相。可亚里士多德觉得完全没有必要进行实验，这大概是因为他认为自然与人工之间有重大区别，只有自然世界值得研究。他就像柏拉图一样，认为一个人只有知道事物的目的时才有可能理解事物。这些观念阻碍了他们学习如何了解世界。

这类对于亚里士多德及其追随者的评判就是这样，研究过去的同时关注当下，仍常常被一些历史学家所诟病。比如，一位知名科学史家，已故的大卫·林德伯格评论道："按照亚里士多德在多大程度上预见了现代科学（好像他的目标是回答我们的问题，而不是他自己的）来评价他的成功，是不公平且毫无意义的。"[1] 他还在同一著作的第二版中讲道："对于一个哲学系统或者科学理论的恰当评估，并不是它在多大程度上预见了现代思想，而应该是它处理当时的哲学与科学问题时的成功程度。"

---

[1] David C. Lindberg, *The Beginnings of Modern Science* (Chicago: University of Chicago Press, 1992).

在我看来，这是一派胡言。科学的目标并不是回答某个时代流行的问题，而是理解世界。我们预先并不知道什么样的理解是有可能的和令人满意的，了解这一点正是科学工作的一部分。一些问题，比如"世界是由什么组成的"，是好问题，但是提出的时间过早了。在18世纪末化学质量的精确测量出现之前，没有人能够在回答这一问题上取得任何进步。同样，20世纪初亨德里克·洛伦兹和其他理论物理学家曾试图理解新近发现的电子的结构，这一努力也过早了：在20世纪20年代量子力学出现之前，没人能够在电子结构上获得任何进展。其他一些问题，例如"火天然的位置在哪里"或者"月亮的目的是什么"，本身就是坏问题，让我们远离真正的理解。科学史的一大部分，其实是学习哪类问题应该问，哪类问题不该问。

我并不是主张辉格史是唯一有趣的科学史。即便是辉格派史学者，可能也会有兴趣探索大众文化对科学发展的影响，或科学对文化的影响，而不需要担心这些发展在走向现代科学的过程中扮演什么角色。比如，德谟克利特的原子论，演示了世界在没有神的干预下可能怎样运作，因此深远地影响了一个世纪之后希腊化时期的哲学家伊壁鸠鲁，以及更久之后的罗马诗人卢克莱修。这一理论造成的影响，并不取决于它按照现代标准来看是否论据充分，事实也的确是不充分的。同样，你可以从诗人安德鲁·马维尔的作品中感受到科学革命对大众文化的冲击。（特别让我想起的是他的诗《爱的定义》。）反过来的影响也是存在的。社会学家罗伯特·默顿称，新教教义对于英格兰17世纪的伟大科学进步起到了重要的促进作用。我并不知道是否果真如此，但这确实很有趣。

但即使是这里，仍然有一些辉格式的元素。在希腊化时期的希腊和17世纪的英格兰，如果不是一些事让科学向现在的方向进步的话，一个科学史学家为什么会专注于那几个时期的知识环境呢？科学史不只是一个关于知识时尚的故事，时尚一个个接踵而至却没有方向，科学史则是朝向真理的进步。尽管这一进步被托马斯·库恩否定，但工作在一线的科学家们对此有真切的感受。因此辉格史不仅是几种有趣的科学历史之一。现代科学几个世纪以来的进步是一个伟大的故事，和人类文明史中的其他任何事情一样重要和有趣。

巴特菲尔德自己似乎也意识到了辉格观点在科学史中有其合理性。1948年，他在剑桥的关于科学史的讲座中，赋予了科学革命以巨大的历史重要性，他永远不会将这样的重要性赋予辉格党人所挚爱的英格兰光荣革命。[1]
我发现他对科学革命的陈述完全是辉格式的，其他人也
这样认为，包括巴特菲尔德的学生之一 A.鲁珀特·霍尔。[2]
更早以前，在《历史的辉格解释》一书中，巴特菲尔德
已经表现出自己在某些情况下会接受历史的辉格式解释。
他指出，如果道德是"一种绝对，在所有的时间和地点
同样有效"，那么历史学家"就会想去观察人类对于道德
秩序的越来越觉醒的意识，或者他们会逐渐发现它的故
事"。尽管巴特菲尔德是虔诚的基督教卫理宗信徒，他却
不相信历史或宗教或其他东西向我们揭示了绝对道德秩
序。[3] 但是他并不怀疑存在自然的律法，在所有空间与时
间都有效。物理学的辉格派学者想要讲述的正是这一故
事——人类对自然律法越来越增长的意识，但是要想讲
这个故事，就不得不关注当下关于自然世界的知识。

---

[1] 这些讲座于 1950 年由赫伯特·巴特菲尔德收录于 *The Origins of Modern Science*,
   rev.ed.（New York: Free Press, 1957）。

[2] 参见 A. R. Hall, "On Whiggism," *History of Science 21*, no. 45 (1983) 一文的结尾。

[3] 关于巴特菲尔德的宗教观点，见 M. Bentley, *The Life and Thought of Herbert
   Butterfield* (Cambridge: Cambridge University Press, 2011)。

08 科学的辉格史：一次交流

　　《关注当下》引发了很多评论，有肯定的，有反对的。文中我引用了大卫·林德伯格的一段陈述："对于一个哲学系统或者科学理论的恰当评估，并不是它在多大程度上预见了现代思想，而应该是它处理当时的哲学与科学问题时的成功程度。"我称这段话为一派胡言。罗纳德·纳伯斯致信表示了愤慨。这一反应令我伤心，因为我对林德伯格和纳伯斯都怀有极大的尊敬，并且从他们的著作中受益匪浅。但我仍然认为衡量科学理论的恰当标准是它是否符合自然，并且我们需要依赖于现代的科学思想来判断这一点。

　　随后，《纽约书评》决定只发表一篇对我

的文章的评论。作者是阿瑟·西尔弗斯坦，他是约翰·霍普金斯大学的免疫学荣誉教授，也是科学史家。西尔弗斯坦对我的文章提出了两点反对意见。他提出，随着科学知识的变化，辉格式的评判可能被证明是错误的，并且列举了免疫学上的例子以及开尔文男爵对地球年龄估计过短的例子。他还认为我提出了"科学史家可以带着现代知识看待过去（称为'辉格式历史'），而其他历史学家则不能"。我对西尔弗斯坦的回复如下，他的文章和我的回复于2016年2月25日发表在《纽约书评》上。

关于科学的辉格式历史，阿瑟·西尔弗斯坦提出了一个有趣的观点：历史学家要判断过去正确与否，可能会遇到些麻烦，因为我们当今的科学知识有可能是错误的。当然，没有人相信我们已经知道一切，但我们的确知道一些事。要回到我文章中的例子，几个世纪以来，人们已经知道，哥白尼关于太阳系的观点是正确的，而托勒密的拥护者是错的；牛顿是正确的，而笛卡尔的追随者是错的。了解到这一点，历史学家就可以欣赏哥白尼工作中审美判断的力量，以及牛顿工作中数学的创造力和哲学上的开放性。

西尔弗斯坦是正确的，科学仍会继续进步（至少我希望如此）。但是某些判断并不会改变。实际上，自从19世纪火的燃素说和热的卡路里理论失败后，精确科学中被广泛接受的理论里面，还没有被证明是完全错误的。西尔弗斯坦提到了开尔文男爵对地球和太阳年龄的计算作为例子，尽管我们现在知道开尔文测得的年龄确实太短，但这并不是一个很好的例子。因为他的结果从未被广泛接受，不但受到地质学家的强烈反对，也被生物学家反对，他们需要更长时间来解释生命进化。开尔文自己也意识到了，如果"在造物主的仓库中，存在我们现在未知的某种新的（热）源"，那么地球和太阳的年龄可能比他所计算的要大得多。[1] 他当时并不知道为地球和太阳补充热量的核反应，但他确实费了很大力气估算与流星撞击为太阳贡献的热量。

这并不是说，一旦一个成功的理论建立起来之后，

---

[1] W. Thomson (Lord Kelvin), *Philosophical Magazine* 23 (Febrary 1862): 158-160; reprinted in Wm. Thomson, Lord Kelvin, *Mathematical and Physical Papers*, ed. J. Larmor, vol. 5 (Cambridge: Cambridge University Press, 1911), 141-144.

我们对它的理解就永远不变。随着狭义和广义相对论的出现，牛顿关于运动和万有引力的理论很明显变成近似的，只适用于不太强的引力场中运动速度远小于光速的物体，但是这并没有让牛顿的工作成为一个错误，或者重振笛卡尔的思想。正好相反，相对论理论解释了为什么牛顿的理论是有效的，以及它什么时候有效。将来，相对论无疑将经历类似的重新解读的过程，也许是通过弦论，但这并不会改变我们对爱因斯坦成就的辉格式欣赏。

西尔弗斯坦还认为我持有一个观点——科学史家可以是辉格派，其他的史学家不可以。在我的文章中，我并没有剥夺任何人作为辉格派的机会，但我确实看不出它在艺术史上能有什么用。数年前，理查德·罗蒂针对这一点抨击我，他说："有人认为诗人与艺术家站在前人的肩膀上，积累了如何写诗与作画的知识。他是否真的不赞同这些人呢？"[1]

是的，我确实不赞同。我并不认为 20 世纪的诗人和

[1] Richard Rorty, *Philosophy and Social Hope* (New York: Penguin Books, 1999), 175-189; quoted by David Wootton, *The Invention of Science: A New History of the Scientific Revolution* (London: Allen Lane, 2015), 553.

艺术家对其技艺比 19 世纪的诗人和艺术家了解更多。20世纪的诗歌与绘画当然美妙，但我并不知道其中哪些要优于比如济慈或莫奈的作品。当然，这和品味有关，确定地球年龄的那类研究是不能解决品味纷争的。但这正解释了为什么科学史上的辉格式解释有其道理，而同样的方式在艺术史上却行不通。

● 我们仍不了解的宇宙

● 基本粒子是什么

● 希格斯玻色子及以上

II

物理和宇宙

● 为什么是希格斯玻色子

● 对称的种类

● 量子力学的麻烦

09 基本粒子是什么

这篇文章于 1997 年发表，刊登在斯坦福直线加速器中心面向公众发行的《粒子束》杂志的春季特刊上。这一特刊的发行，旨在庆祝 J.J. 汤姆逊发现电子 100 周年。电子正是第一个所谓的基本粒子。

尽管这篇文章比本文集中其他任何文章写得都早，但是它与今日的物理学问题仍然相关。在这篇文章完成 20 年后，即发现电子 120 年后重读它，我有些悲哀，因为文章标题所提出的问题仍然没有得到解答。

当一个陌生人听说我是物理学家，问我研究物理学哪个领域时，我通常回答基本粒子理论。做出这一回答总是令我紧张。假设陌生人问"基本粒子是什么？"，我将不得不承认并没有人真的知道。

我首先要声明，说出粒子是什么一点都不难。粒子不过是一个物理系统，它除了总动量以外不具有任何其他连续自由度。比如，要描述任意电子，我们只需要给出它的动量和它相对任何特定轴的自旋。（自旋是量子力学中的一个量，只能取一组离散的数值，不是连续的。）另一方面，由一个自由电子和一个自由质子组成的系统则不是一个粒子，因为要描述这一系统的话，必须确定两个连续变量，即电子和质子的动量，只给出它们的和是不够的。但是如果一个电子与一个质子处于束缚态，比如处于最低能量状态的氢原子，则是一个粒子。每个人都会同意氢原子不是基本粒子，但要做出区分，或者甚至仅仅说出它是什么意思，并不总是那么容易。

在 20 世纪前几十年，说出基本粒子的含义似乎轻而易举。J.J. 汤姆逊可以使用阴极射线管的电场把电子从原子中拉出来，所以原子不是基本的。从电子里面则不能拉出或者撞出什么来，所以电子似乎是基本的。1911 年，在欧内斯特·卢瑟福的实验室发现了原子核之后，人们假定它们不是基本的。部分原因是人们知道一些放射性原子核可以释放电子和其他粒子，另外也因为核的电荷和质量可以通过假设它由两种基本粒子构成，这两种基本粒子是轻而带负电荷的电子以及重而带正电荷的质子。

尽管当时人们对于基本粒子是什么还没有确切的概念，却认为所有物质只由两种基本粒子组成，这一想法在那时如此普遍和不可动摇，让如今的人们觉得无法理解。比如，当詹姆斯·查德威克在 1932 年发现中子的时候，人们普遍认为它是质子和电子深度结合的一种束缚态。查德威克在宣布其发现的论文里提出了这一观点："当然，有可能假设中子是一种基本粒子。但这一想法在目前没有什么可取之处，除了有可能解释像氮 14 这类核的统计性质以外。"[1]（人们可能会认为这是非常好的理由：分子谱显示，氮 14 的核是玻色子。如果中子是质子与电子结合的

---

[1] 查德威克说的"统计性质"指的是一种差别，可以将所有粒子（不论基本与否）分成费米子和玻色子两类。对于全同玻色子的坐标和自旋来说，任何系统的状态都是完全对称的；当两个全同玻色子交换之后，系统不变。与此相对的是，对于全同费米子的坐标和自旋来说，状态是反对称的；也就是说，当任何两个全同费米子交换之后，在量子力学中代表这一系统的波函数会改变符号。比如，电子和质子是费米子，光子（光的粒子）和氢原子是玻色子。

束缚态，就不可能如此了。）[1] 1936 年，莫尔·图夫与同事们发现核力与电荷不相关，这清晰地表明了中子和质子必须被同等对待：如果质子是基本的，中子也必须是基本的。[2] 现在，讲到质子和中子，我们经常把它们统称为核子。

这仅仅是所谓基本粒子的花名册迅速增加的开端。1937 年 μ 子加入（尽管后来才理解它们的性质）[3]，而 π 介子和奇异粒子是在 20 世纪 40 年代发现的[4]。中微子是沃尔夫冈·泡利在 1930 年提出的，1933 年被纳入恩里科·费米的 β 衰变理论，但是直到 1955 年莱因斯-考恩中微子实验才被发现。[5] 随后，在 20 世纪 50 年代后期，

---

1 如果用质子和电子来组成氮 14 的原子核，为了获得正确的总质量和总电荷，它必须由 14 个质子和 7 个电子组成，一共 21 个费米子。但是任何包含奇数个费米子的粒子都是费米子，不可能是玻色子。

2 电荷不相关，指的是如果我们将表示核力的方程中的质子变成中子或者中子变成质子，甚至是把许多质子和中子变成一部分质子和一部分中子的混合物，核力都不受影响。

3 现在人们知道 μ 子的行为类似电子，但质量是电子的 210 倍左右。

4 π 介子和奇异粒子是一些高能质子或中子相互碰撞时产生的强相互作用粒子。有些粒子之所以被叫作"奇异"粒子，是因为和 π 介子不同，它们不能单个产生出来，只能和其他奇异粒子一起产生。

5 β 衰变是一种放射性衰变过程，原子核中的一个中子变成一个质子，或者反过来，释放一个快电子或者反电子，以及一个反中微子或者中微子。中微子和反中微子是几乎没有质量的粒子，不带电荷。

粒子加速器和气泡室的应用揭示了大量新的强相互作用粒子，它们是核子和 π 介子的更重的表亲。

本着即便基本粒子超过两种，类型也不会太多的原则，理论学家们怀疑这些粒子中的大部分都是由少数几个类型的基本粒子复合而成。但是这样的束缚态必然束缚得极深，与原子或者原子核非常不同。比如，π 介子比核子和反核子都要轻得多，所以如果 π 介子是像费米和杨振宁提议的那样，是一个核子与一个反核子的束缚态，它的负结合能必须要大到能够抵消其组分的绝大部分质量。这样一个粒子的复合性质会是非常不明显的。

怎么判断这些粒子是基本的还是复合的呢？这一问题一经提出，过去的答案——如果不能从这种粒子中敲出任何东西，它就是基本的——就很明显已经不适用了。质子与质子相互碰撞时会产生 π 介子，而 π 介子在足够高的能量下相互碰撞时会产生质子和反质子，所以谁是谁的复合物？ 20 世纪 50 年代，杰弗里·丘等人将这一两难处境变成了一个原理，称为"核民主"，称任何粒子都可以被认为是任何其他粒子的束缚态，只要其他粒子具有合适的电荷、自旋等。1975 年，沃纳·海森堡在德国物理学会的一次演讲中提到了这一观点，他缅怀道：

在 20 世纪五六十年代的实验中,这种新情况被一次又一次证实;人们发现了很多不同寿命的新粒子,但"这些粒子由什么组成"并没有答案。质子可以是中子与 π 介子碰撞产生的,也可以是 λ 超子与 K 介子,或者是两个核子与一个反核子,等等。因此我们是否可以简单地说质子是由连续物质组成的?这样的说法既不正确也不错误:原则上,基本粒子和复合系统并没有区别。这可能是过去 50 年最重要的实验结果。[1]

早在海森堡得出这一夸张的结论之前很久,对基本粒子的另外一种定义已被普遍接受。海森堡、泡利、维克多·维斯科普夫等人在 1926—1934 年发展了量子场论。从这一理论来看,自然的基本要素并非粒子,而是场。像电子和光子这样的粒子,分别是成束的电场能量和电磁场能量。然后就可以很自然地将基本粒子定义为出现在基本场方程中的那些粒子——或者是出现在拉格朗日

---

[1] Werner Heisenberg, "The Nature of Elementary Particles," *Physics Today* 29, no. 3 (March 1976): 33.

量中的粒子，因为按照理论学家们构建这些理论的常用方法，场方程可以由一个被称为拉格朗日量的物理量获得。粒子是重是轻，稳定或不稳定都没有关系——如果它的场出现在拉格朗日量中，它就是基本的，否则就不是。

如果一个人知道场方程或者拉格朗日量的话，这就是一个很好的定义。可是很长一段时间里，物理学家并不知道。在 20 世纪五六十年代，当人们还不知道基本理论时，大量的理论工作致力于寻找某种客观方法判断一个特定粒子是基本的还是复合的。在非相对论性量子力学的特定情境中，这是有可能的，这时基本粒子似乎可以被定义为坐标和速度出现在系统的拉格朗日量中的粒子。比如，数学家诺曼·莱文森提出的一个理论，表明了稳定的非基本粒子类型数目与不稳定的基本粒子类型数目之差，如何通过能量从零增加到无穷过程中的相变来获得。[1] 使用这一理论的麻烦在于，它涉及能量达到无穷时的相变，而在这时，推导这一理论的非相对论性散射的近似显然不再适用。

---

1 相变是能量的数值函数，在量子力学中用于描述粒子碰撞时怎样散射。

我在 20 世纪 60 年代时曾为此殚精竭虑，但是我想到的也只是证明氘核（重氢的原子核）是质子和中子复合体。[1]这并不算令人激动的成就——大家一直认为氘核是复合的——但好处是它依赖于非相对论性量子力学和低能量的中子-质子散射数据，没有任何关于拉格朗日量或者高能量时会发生什么的假设。有一个经典公式，给出了在正确条件下（总自旋等）中子-质子散射成为氘核的概率，这一概率取决于氘核的质量和结合能。但是这一公式的导出依赖于一个假设，即氘核由一个质子和一个中子复合而成。如果我们假设氘核是一个基本粒子，并写出拉格朗日量，这一公式就不正确了，我们会得到另一个公式，它包含的变量不止氘核的质量和结合能，还包含氘核处于基本粒子状态的时间。将这一公式与实验做对比，可以看到，氘核作为基本粒子存在的时间少于 1/10。不幸的是，这样的论据不适用于深度束缚态，就像一些基本粒子理论所讲的那样。

　　要区分复合的与基本的粒子并没有任何单纯的实验方法，这并不是说区别两者没有用。20 世纪 70 年代，随着

---

1 氘核是氘的原子核，氘是氢的较重的同位素。

人们普遍接受了量子场论中关于基本粒子的被称为标准模型的理论，基本粒子和复合粒子的区别似乎清晰了许多。夸克有 6 种不同类型或者说不同"味"，每种味又有三种"颜色"，数量与电荷类似，包括电子在内的 6 种味的轻子，以及被称为规范玻色子的 12 种粒子。这 12 种粒子包括传播电磁力的光子，传播强核力的 8 种胶子，以及传播弱核力的 W^+、W^-、Z^0 粒子。而在二战后发现的质子、中子等数百种强相互作用粒子竟然都不是基本的，它们是复合体，由夸克、反夸克和胶子组成。这并不是说我们可以从这些非基本的粒子中敲出夸克、反夸克和胶子。人们认为这是不可能的。之所以认为夸克、反夸克和胶子是基本的，是因为它们的场出现在这一理论的方程中。

标准模型唯一不确定的方面是，什么机制打破了弱核电磁相互作用的对称性，并且让 W 和 Z 粒子获得了质量。如果 W 和 Z 粒子是没有质量的，就只有两种自旋状态，类似无质量的光子的左、右偏振状态，而自旋为 1 的重粒子有三种自旋状态，所以将对称性打破并让 W 和 Z 粒子获得质量的机制也给了 W 和 Z 粒子另一个自旋状态。电弱对称破缺的理论有两种，一种就像在标准模型的原始形式中一样，这些新增的自旋状态是基本的；另一种则认为这些新增的自旋是复合的，这些理论被称为艺彩理论。在某种程度上，推动人们设计 LHC 和已失败的超导超级对撞机的主要动机，就是要解决这一问题：新增自旋状态的 W 和 Z 粒子是基本的还是复合的粒子。[1]

故事到这里本该结尾了，但 20 世纪 70 年代以来，我们对于量子场论的理解有了新的转折。我们开始理解，任何粒子不论基本与否，当能量足够低的时候，都可以通过被称为有效量子场论的理论来描述。比如，尽管核子和 π 介子的场并没有出现在标准模型里，但是在涉及低能量的 π 介子和核子的过程中，我们可以通过有效场论来计算，这里不用夸克和胶子的场，而是用 π 介子和核子的场。所以在这个场论中，π 介子和核子是基本的，尽管原子核并不是。当我们用这样的方式使用场论的时候，我们仅仅应用了相对论性量子力学的基本原理，以及一些相关的对称性，我们并没有对物理学的基本结构做任何假设。

从这个角度看，由于标准模型的理论中出现的是夸克

---

[1] 发现希格斯玻色子之后，这一问题得到了解决。我在本书第 12 篇和第 13 篇文章中做了相应描述。新增自旋状态的 W 和 Z 粒子是基本的，通过弱电理论的对称性与希格斯玻色子相关。

和胶子的场，我们只能说，之所以说夸克和胶子比核子和
π介子更加基本，是因为有效场论只能描述低能量状态
下的核子和π介子，而标准模型理论应用的能量范围比
有效场论要更广。但对于夸克和胶子本身有多么基本，我
们则不能获得任何结论。标准模型本身大概也只是一种有
效量子场论，是某种更为基础的理论的近似。而这种更为
基础的理论，则要在比现代加速器能量高得多的情境下才
能揭示。这种更为基础的理论涉及的可能并非夸克、轻子
或者规范场。

一种可能性是，夸克、轻子和标准模型中的其他粒子
本身都是更加基本的粒子的复合体。我们在夸克、轻子中
没有看到结构的原因仅仅是它们的结合能非常高——高于
几万亿电子伏特。但是目前为止，没有人成功提出这一类
的可信理论。

直到我们找到有关力与物质的最终理论时，我们才能
够回答哪些粒子是基本的。而当我们有了这样的理论时，
我们也许会发现物理学的基本结构根本不是粒子或者场。
很多理论学家认为基本理论应该类似于弦论，在这一理论
中，夸克、轻子等只不过是基本弦的不同震动模式。看上
去似乎不可能将某一组弦认定为基本的，因为就像人们最

近认识到的那样，使用不同类型弦的弦理论通常是等效的。

这一切给了我们一个教训。物理学的任务并不是解答关于自然的一组固定问题，比如确定哪些粒子是基本的。我们事先并不了解哪些是正确的问题，并且常常是直到接近答案时才会知道。

10 我们仍不了解的宇宙

　　2010 年 7 月，《纽约书评》的编辑罗伯特·西尔弗斯来信问我是否愿意为一本新书——斯蒂芬·霍金和伦纳德·蒙洛迪诺的《大设计》写一篇书评。通常，只有我认为一本书让我有机会对自己感兴趣的某些话题高谈阔论时，我才会评论。西尔弗斯给我寄来《大设计》的样书，我在翻阅过程中发现，它确实处理了一个很大的问题，一个我本人多年来一直关注的问题：我们看到周围的星系像一团云一样朝四面八方扩张，直达数十亿光年之外，这团云能否代表整个宇宙呢？还是说它仅仅是许多类似宇宙中的一个的一部分？这些宇宙就是多重宇宙，我们所说的自然常数在不同宇宙中取不同的数值，甚至我们所说的自然规律在其中也有不同的形式。

我们并不知道多重宇宙的概念是否正确，但它并不疯狂。很多推测性的理论——弦论、混沌暴胀理论等，都暗示了多重宇宙的存在。没有人知道我们是否真的身处多重宇宙中，但如果是的话，我们可以得出一个重要的结论，而且这一结论与多重宇宙背后的理论没多大关系。很明显，如果常数和自然规律在每个宇宙中都是不同的，我们所观察到的常数和规律就必须受一个条件的限制，即这样的常数和规律之下可能存在智慧生命。因此，如果我们观测到的常数和规律确实尤为适合智慧生命存在的话，我们不需要用一个慈悲的造物主来做解释，这正是我们在一个多重宇宙中应该观测到的。有人提出，这有可能解释所谓暗能量的值比人们在任何其他基础上做出的估计都要低。

就像于 2011 年 2 月 10 日发表在《纽约书评》上的评论中提到的，这类"人择原理"的推理让一些宗教领袖感到困扰。文中没有提到的是，它同样让一些非常优秀的科学家感到困扰。我曾听到戴维·格罗斯

（关于强核力的现代理论的奠基人之一，圣巴巴拉卡弗里理论物理研究所所长）这样评论多重宇宙："我真讨厌它。"原因很清楚。我们物理学家希望有朝一日，能够基于第一原理精确地理解基本常数的值，而不是只能通过人择原理获得一个预期值的范围。我当然也怀着这样的希望。但我有一点不同看法，我并不担心物理学家会太满足于人择原理，并放弃寻找第一原理——能够解释我们所观测到的一切的原理。最近在《自然》杂志的一篇文章中，哈佛天文学家阿维·勒布表达了一个观点，称"我们非常需要通过一种将量子力学与万有引力统一的非传统理论来理解暗能量，而人择原理的观点压制了这一努力"。[1] 我并不知道有哪个理论学家会不喜欢这样的非传统理论，也不知道有谁认为应该放弃寻找这样的理论。只不过寻找的过程并不容易，并且根据我们目前所知的一切，我们在寻找的理论可能并不存在。

---

[1] A. Loeb, *Nature* 539 (November 3, 2016): 23. 勒布将我在 1987 年写的一篇关于暗能量的文章列在一长串可怕的文章之首。

1992 年，我和其他物理学家们一起进行游说，为一个大型基本粒子加速器争取资金支持。这个加速器就是超导超级对撞机。我们想出了一个好主意，组织一次面对美国众议院议员的讲座，其间我们可以解释这一设备对科学研究的重要性。三位议员出席了会议。我们讲完后，一位来自马里兰州的民主党议员告诉我们，如果我们能够向他确保这一设备对斯蒂芬·霍金的工作有益，他就愿意支持超导超级对撞机。

这个小故事可以说明，霍金作为一个科学家在那个时候已经获得巨大声望，在 20 世纪超过他的可能只有爱因斯坦，或许还有玛丽·居里和理查德·费曼。霍金也绝非徒有虚名。早在年轻的时候，他就已经做出了精彩的数学工作（部分是与罗杰·彭罗斯一起），证明了根据广义相对论，有些情况下将发生不可避免的灾难——在无限扭曲的时空中无限压缩的能量。后来，他又证明了黑洞向外辐射能量，现在被称为霍金辐射。他是首批使用量子力学来计算早期宇宙中能量分布起伏性质的人之一。这些微小的起伏最终导致了我们今日所见星系的形成。尽管霍金的身体残疾越来越严重，而且这样的身体状况足以击败任何不具有像他那样非凡勇气的人，他却达成了所有这些以及更多的成就。

霍金 1988 年的著作《时间简史》销量惊人，以至在一段时期内，出版商为其他作者的科普书（包括一本我自己的）付了不切实际的预付款，希望其他书也能达到与《时间简史》同样的销量。现在，霍金推出了另一本面向大众的书《大设计》，这次是和加州理工学院的物理学家伦纳德·蒙洛迪诺合著。

我看到的针对霍金这本书的评论主要是在讨论霍金的宇宙观中没有上帝，似乎这很令人惊奇。[1] 对于这本书的这一反应，在我看来很愚蠢。霍金说的是，我们不需要上帝来理解宇宙。在我们对宇宙了解多少这个问题上，科学家们可能会有分歧，但是没多少人会觉得需要上帝来弥补空白。在《时间简史》中，霍金提到未来可能发现一个完整的关于自然的理论时，他写道："那时我们就会了解上帝的想法。"但这只是一个比喻，就像爱因斯坦说上帝不可能对宇宙掷骰子。可能为了避免误解，霍金在《大设

---

[1] 简短起见，我提到这本书的时候只用其主要作者霍金的名字，而不是霍金和蒙洛迪诺。

计》中没有使用类似比喻。

霍金这本书中的主题之一确实对宗教具有影响。他采纳了在物理学家中越来越流行的一种观点，认为我们所谓的宇宙——朝各个方向延展至少数百亿光年且不断扩张的星系云结构——可能只是宏伟得多的多重宇宙中的一小部分。人们认为多重宇宙包含了大量的其他部分，可能每一个都可以被称为一个宇宙，在那些宇宙中，通常所说的自然规律可能都和我们在这里观测到的非常不同。

自然规律似乎有利于生命的诞生，这一事实被某些人当作证据，认为可以证明慈悲造物主的存在。但如果多重宇宙的观点是正确的，证据将不复存在。比如，如果组成原子核的两类夸克中有一类比另一类重得多或者轻得多，就只会有几种稳定元素，而不会产生生命必需的丰盛元素。霍金列举了更多这类的例子。而且要想产生生命必需的充足的化学元素，不需要对夸克质量进行非常严格的微调。

但霍金引用的一个例子，展示了物理常数非常令人惊叹的一个微调，如果没有这样，生命就永远不会出现。它与暗能量有关，即真空中的能量。1998 年，天文学家发现宇宙膨胀正在加速，通常认为加速的原因是暗能量。但暗能量的值有些怪异。我们可以计算一些导致暗能量的情形——实际上，在 1998 年之前就有一些理论学家做过这类计算。可是它们所形成的暗能量的值太大了，如果它们不能够被其他贡献所抵消，宇宙的膨胀速度就应该比观测到的快得多。那样的话，由于宇宙膨胀太快，星系和恒星系统这样的引力束缚系统就从来不会形成。抵消是有可能的，因为还有其他对暗能量的贡献项，只是我们不能计算，部分原因是它们依赖于我们不知道的事，这些项可以抵消我们能够计算的贡献。（我们所不了解的对暗能量有影响的事物之一是所谓宇宙常数的值。宇宙常数是爱因斯坦在 1917 年引入的，目的是修正广义相对论中的引力场方程。）但是，为了让这些目前为止不能计算的项拥有正确的数值，从而获得足够小的总暗能量来允许引力束缚系统形成（并且小得恰好符合测量到的宇宙膨胀速度），类似宇宙常数这样的自然常数必须要被调整得极为精细，完整抵消到小数点后第 65 位。

另一方面，一个多重宇宙会有这么多不同的部分，以至像夸克质量和爱因斯坦的宇宙常数这样的量，以及其他自然常数的可能值范围会很大。有可能在多重宇宙的绝大部分，类似夸克质量和宇宙常数，甚至空间维度的值都不适合生命的诞生。但是由于这些常数在不同部分有足够多的可能，有些地方可能会出现生命。很明显，我们处在这样一个有利的部分并不令人惊讶，也并不能表明宇宙的仁慈。就像在一个拥有数十亿颗行星的星系里，在为数不多的适合生命的行星中，有一颗孕育了我们，这也不是慈悲造物主的证明。我们除了出现在可以维持生命的行星上，还能在哪儿呢？

霍金引用了 2003 年维也纳枢机主教的一段臭名昭著的陈述，这段话将多重宇宙的想法抨击为一种"为了避免现代科学中发现的压倒性证据"的东西。并非如此。就像霍金讲的，多重宇宙的概念并不是用来解释精细调整的奇迹。他讨论了引导物理学家得到多重宇宙想法的两种不同思路，两者都和生命必需的条件无关。

第一种思路来自安德烈·林德提出的混沌暴胀理论。暴胀是宇宙初期以指数级扩大的一个阶段，就像一个银行账户每 10 的负 38 次方秒就增长 100% 那样增长。[1] 现在人们认为，在宇宙当前缓慢扩张的阶段之前，曾经历这一指数级增长。就像一开始阿兰·古斯所设想的那样（大部

---

[1] 10^{-38} 是小数点后面有 37 个 0，然后是一个 1。

分计算仍这样假设），人们曾以为暴胀在空间中各处都是均匀的。但是没有理论可以解释这种均匀性。更自然的想法是，认为宇宙在非常大的尺度上是混沌的，充满了起伏巨大的场，并且完全随机地时不时出现空间中某一块的条件允许它开始指数级暴胀。在少数情况下，这些块会长成类似我们当前的宇宙，生命可能出现在其中。

对多重宇宙的另一种思路来自量子力学，量子力学是所有物理的数学框架。量子力学中最诡异的事情，是所谓量子态叠加。一个粒子有可能（甚至常见）处于一个状态下，在此状态下，它并不在一个或者另一个可能的位置，而是处于叠加状态，因此对其位置的观测可能得出很多结果，不同结果的概率则取决于叠加的性质。原则上，就像薛定谔指出的那样，即使一只猫也可能处于叠加态中，有些态中它是活的，其他态中则是死的。类似的，整个宇宙可能是很多不同态的叠加，在不同的态中，类似夸克质量这样的自然常数取不同的值，这些态中的很小一部分适于生命出现。

这些说法都具高度推测性，但并不独特。物理学家们已经就这些想法进行了广泛的讨论。但霍金的意见中确实多多少少有些不同寻常之处。他提出多重宇宙之所以作为量子力学中的叠加态出现，是因为在非常早期的宇宙中，所有四个维度都像空间一样起作用，没有时间。我不会尝试解释这如何能够有效，因为我不认为它可信。确实，霍金已经证明，在计算早期宇宙中的过程时，通过在数学上将时间维度扭曲成空间维度之一，然后进行计算，这是有用的。但这并不意味着时间在早期宇宙中曾经是空间。毕竟，其他的理论学家，可以上溯至 20 世纪 50 年代的朱利安·施温格，也曾通过将时间维度扭曲成空间维度之一，计算出了原子和粒子物理中精细的效应。但这一有用的数学技巧并不能改变我们如今住在三维空间和一维时间中的事实。

近年来，由于曾被称为弦论的理论的发展，多重宇宙的想法得到了巨大的发展。现在人们认为，已知的各种版本的弦论，以及大量其他理论都代表着还未知的基本理论的近似解。这种未知的基本理论被霍金称为 M 理论。这些不同的近似解描述了各种维度不同且自然常数取值不同的时空中的各种粒子、场或者膜的组合。据说，被霍金称为 M 理论的基本理论的这些不同解，在多重宇宙中的不同部分被实现。

当霍金说这一基本理论是一个十一维时空中的理论的时候，他试图让这个理论比看起来更好理解。M 理论这一术语，是 1995 年由爱德华·威滕提出的。（威滕从未解释过 M 代表什么。）威滕的 M 理论确实是一个关于粒子与膜的十一维的理论，但是这一理论被提出时，只是作为未知基本理论的很多近似解中的一个，而不是基本理论本身。我们完全不知道基本理论的时空维度。很多理论学家认为，这不是一个关于任何类型时空的理论，时间与空间仅仅出现在基本理论的近似解中。

如果我们对基本理论所知如此之少，我们为什么认为它存在呢？霍金提到了一个事实，在两个弦论或者其他基本理论的近似解都应该正确的情况下，计算表明，这两个解是一致的。（这是威滕 1995 年在南加州大学一次著名讲座上提出的。）霍金用地球表面上不同区域的地图，做了一个非常有益的类比。我们可以将整个地球表面划分成相互重叠的区域，每块区域的直径不超过几百英里[1]，区域足够小，使得地图上的距离和方向可以近似表示实际的距离和方向。即使我们事先不知道这些地图代表同一个表面的

---

[1] 1 英里 ≈1.6 千米。——编者注

不同部分，通过注意到两个相互交叠区域的地图在重叠部分彼此相同，我们也能够发现这一点。在这一类比中，地球表面就代表被霍金称为 M 理论的基本理论，而各个不同的地图对应这一理论的各种近似解。

霍金提出了一个惊人而又令人不安的可能性，也许根本没有更基本的理论，我们将会得到的只是很多近似理论，每一种都在不同的情境下成立，并且在情境重叠的地方彼此相符。这样一来，地球表面的地图的类比就不成立了。一个人确实不可能在一张平面的纸上为整个地球的球形表面做出可靠的地图，但是毕竟只存在一个地球，而不是一堆重叠的近似地图。

除此之外，霍金还表达了一种对现实彻底怀疑的看法。可以从他对量子力学的一次陈述中看出这一点，他说："宇宙并没有一个单一的历史，而是不同的单独的历史。"如果历史指的是我们在经典物理学中所说的意思——粒子在相继的瞬间从一个位置到另一个位置的平滑行进，这句话就是真的。我更偏好另一种看待量子力学的方式。宇宙或者任何其他系统确实具有一个确定的历史，只不过在每个时刻中平滑地变化着的，不是粒子的位置或者场的值，而是被称为态矢量的物理量。态矢量是所谓希尔伯特空间的无限维空间中的一个矢量，其方向在任意时刻都包含了系统在那一瞬间的状态。这个矢量不一定指向一个粒子处于确定位置的某一状态的方向，也可以指向一些中间的方向，对应于这些状态的叠加。这就是为什么量子力学看起来这么奇怪。但是这样一来，物理系统的历史就没有任何奇怪之处了。随着时间过去，态矢量的方向变化既是肯定的也是确定的。只有一个人坚持用经典物理学的语言去描述自然的时候，我们才能说它没有确定的历史。

霍金很好地描述了科学家是如何得出某个事物真实存在的结论的：我们构建出智能模型，在一定范围的现象内，在一定程度的近似上，这一模型符合观测。但是他将此称为"依赖模型的现实"，并且提出现实仅此而已。

关于现实本质的问题，已经困扰了科学家和哲学家上千年。就像大部分人一样，我认为有一些真实的东西存在，它们完全独立于我们和我们的模型，就像地球独立于我们的地图一样。但这是因为我不得不相信一个客观的现实，而不是因为我有很好的论据。我完全不能争辩说霍金的反现实论是错误的。但是我的确坚持认为，不论是量子力学还是物理学中的任何其他东西，都无法解决这一问题。

在这本书中，霍金还高估了科学回答深奥哲学问题的能力。他从决定论的普遍概念，并从一些表明我们的行为受物理影响的实验，下结论说我们没有自由意志。他将自由意志的幻觉归因于一个事实——人类由一千万亿亿个粒子组成，因此实际上不可能预测人们会做什么。但我认为，自由意志不过是我们的意识经验决定要做什么，当我写这篇书评的时候我知道我正在体验，即便反思物理定律让我不可避免地会想做出这些决定，我的这一体验也不会消失。雷雨也含有无数个粒子，并且也很难预测它们会做什么，但是我们不会认为它们有自由意志，因为我们并不认为它们具有做决定的意识经验。

霍金在第一页说道，哲学没有跟上现代科学发展的脚步，尤其是没跟上现代物理学。但我想说，尽管哲学家没有很好地解决哲学的古老问题，物理学家也没有。

不要误会我。《大设计》是一本极好的书，它向普通读者介绍了理论物理学前沿的话题，并且解释了一些科学概念（比如费曼的量子力学方法），而且介绍得比我见过的都要更清晰。我和霍金有严重分歧的地方，是关于物理学家和哲学家有分歧的话题，这不是能轻易解决的问题。

话虽如此，因为我时不时在得州大学讲授科学史课程，我感觉必须要指出这本书中的一些历史性错误。

1. 霍金可能受其反现实论的推动，说哥白尼对太阳系的描述相比托勒密的优势在于"在地球静止的参考系中，运动方程要简单得多"。并非如此，第一次证明哥白尼观点优越性的并不是牛顿在1687年发表的运动方程，而是伽利略在1610年对金星相位的观测，该观测显然支持了哥白尼而不是托勒密。[1]

2. 霍金说阿里斯塔克斯的计算中只有一个留存至今，就是通过分析月食期间地球影子的大小，推出了太阳比地球大得多的结论。但是阿里斯塔克斯不可能仅仅通过观测一次月食得到这一结论。实际上，他存世的著作表明，阿里斯塔克斯也使用了太阳与月亮的视大小（以直角的几分之几表示），以及观测到的月亮半满时日月的视线方向略小于直角。

3. 古人发现光线被镜面反射的角度与射向镜面的角度

---

[1] 霍金关于托勒密系统的说法，放在16世纪丹麦天文学家第谷·布拉赫的系统上更合适。布拉赫认为太阳绕着地球转，而其他行星绕着太阳转。他的理论对行星相位的预言和哥白尼的是一样的。但是在19世纪对恒星岁差的观测表明，至少在恒星提供的参考系里，是地球每年沿着轨道运动，而不是太阳。

相同，霍金将这一发现归功于阿基米德。虽然阿基米德可能描述过这一点，但在他现存的著作中，没有任何关于反射定律的内容。人们曾将这一定律归功于欧几里得，他工作的时间比阿基米德早大约一个世纪，但是现在的历史学家并不确定是谁发现了反射定律。如果需要将反射定律的发现归功于某人，我会投票给亚历山大城的希罗（需要承认他生活的年代比欧几里得和阿基米德晚）。希罗不仅陈述了这条定律，还通过假设反射光线在物体和观察者之间的距离最短，对此进行了证明。

这是一些小的问题，在未来版本中很容易改正，并且它们也不会减损这本引人入胜的书的价值。

11 对称的种类

物理学在 20 世纪的大部分历史，从爱因斯坦的狭义相对论开始，就专注于对称性原理的发现，以及这些对称性在物理现象中的各种表现方式。无论如何，对称性一直是我自己的工作所持续关注的问题。当受邀于 2009 年 8 月在布达佩斯工业大学的一场关于对称性的会议上进行演讲时，我非常高兴。一则是因为它给了我一个机会阐述自己对于对称性的一些看法；另外，我之前还未曾去过布达佩斯。这次演讲的精简版于 2011 年 10 月 27 日发表在《纽约书评》上。以下较长的版本则于 2012 年发表在期刊《对称性：文化与科学》上，基本就是我在布达佩斯所做的演讲。

当我在 20 世纪 50 年代刚开始做科研的时候，在我看来，物理学处于低迷的状态。10 年前，在量子电动力学领域，即关于电子与光及其相互作用的理论，已经取得了巨大的成功。那时的物理学家们学会了如何以前所未有的精度计算比如电子的磁场这样的量。但是现在，我们面对着新发现的奇异的粒子，有些只能在宇宙射线中找到。并且我们还要对付神秘的力：将原子核内部的粒子保持在一起的强核力，以及可以改变这些粒子种类的弱核力。我们并没有可以描述这些粒子和力的理论，当我们尝试用一个可能的理论去解释的时候，会发现其结果要么无法计算，要么可以计算却毫无意义，比如能量无穷大或者可能性无穷大。大自然就像足智多谋的敌人，好像有意要掩盖它的宏伟计划。

同时，我们的确拥有一把揭开自然秘密的宝贵的钥匙。自然法则明显遵循某些特定的对称性原理，让我们在没有关于粒子和力的详细理论的情况下，仍然可以对其进行计算，并与观测进行对比。这就像是在敌人的最高指挥部中拥有一位间谍。

我最好暂停一下，讲一讲物理学家说的对称性原理是什么。在和非物理学家或数学家的朋友谈话时，我发现他们通常认为对称性是指某个对称事物的两边等同，比如人脸或者蝴蝶。这确实是一种对称性，但它仅仅是一大类可能的对称性中的一个简单的例子。

在《牛津英语词典》中，对称性是"由完全类似的部分组成的性质"。立方体是一个很好的例子。每个面、每条边和每个顶点，和其他面、边和顶点完全相同。因此立方体是一个很好的骰子，如果一个立方体骰子没有造假，它的6个面着地的可能性相同。

立方体是一小群正多面体中的一个例子，正多面体是由平面多边形组成的固体，满足对称性的要求——每个面、每条边、每个顶点都和任何其他面、边、顶点完全相同。

这些正多面体令柏拉图着迷。他（大概从数学家泰阿泰德那里）了解到，正多面体只可能有5种形状，并且他在《蒂迈欧篇》中讲道，组成各种元素的正是这些多面体：土元素由小立方体组成，而组成火、气和水元素的分别是由4、8和20个完全相同的面拼成的小多面体。柏拉图认为第五个正多面体——正十二面体，代表着宇宙。柏拉图没有给出任何证据——他更多的是作为诗人写下了《蒂迈欧篇》，而不是科学家，并且这5种体的对称性显然对他作为诗人的想象力产生了很大影响。

正多面体事实上和组成物质世界的原子毫无关系，但是它们为看待对称性的方式提供了一个有用的例子。这种方式尤其为物理学家所乐见。一种对称性，同时也是一种不变性原理。也就是说，它告诉我们，当我们的视角做特定改变之后，某些事物看上去不会变化。比如，除了用具有6个相同的正方形面来描述立方体，也可以说当我们将参考系以特殊方式旋转的时候，比如绕着与立方体的边平行的方向转动90°之后，它看起来没有变化。

让某物看起来不变的所有视角变换的集合又被叫作它的不变群。描述立方体的话，这样的语言似乎过于时髦了，但是在物理学中，当我们对某事物一无所知，只想到它可能具有某种对称性时，我们常常对其不变群进行猜测，并且在实验中进行检验。数学有一个庞大而优雅的分支叫作群论，它罗列并且探索了所有可能的不变群，有两本面向普通大众的书对此进行了描述。[1]

柏拉图的5个正多面体中，每一个都有自己的不变群。每个群都是有限的，意思是只有有限个数的视角变换可以让正多面体看起来和之前一模一样。所有这些有限的不变群都包含在一个无限的群内，即在三维空间内的一切旋转组成的群。这也就是球的不变群，球当然从任何方向看都是一样的。

由于审美和哲学的原因，球也是早期对自然的猜想中的重要因素——但不是作为原子的模型，而是行星轨道的模型。人们曾以为7颗已知的行星（包括太阳和月亮）是环绕地球旋转的圆球上的亮点，圆球带动亮点运行在完美的圆形轨道上。但这一想法很难与观测到的行星运动相一致，行星有时候看上去甚至会在恒星背景上逆转运动的方向。根据新柏拉图主义者辛普里丘在6世纪所写，柏拉图将这一问题抛给了学院的数学家们，几乎像留了一个小作业。辛普里丘写道："柏拉图制定了原则，天体的运动是圆形、匀速而且规律的。于是他

[1] Marcus du Sautoy, *Symmetry: A Journey into the Patterns of Nature* (New York: Harper, 2008); Ian Stewart, *Why Beauty Is Truth: A History of Symmetry* (New York: Basic Books, 2007).

向数学家们提出了如下问题：我们需要使用什么样的圆形、匀速且绝对规律的运动，来拯救行星看上去的运动呢？"

"拯救看上去的运动"是古语的翻译，柏拉图的意思是通过圆周运动的组合来精确地解释行星环绕天空的视运动。

这一问题首先由雅典的欧多克索斯、卡利普斯和亚里士多德回答，随后由亚历山大城的喜帕恰斯和托勒密通过引入本轮给出了更好的答案。之后，行星运动的问题继续困扰着伊斯兰和基督教世界，直到哥白尼时代。当然，解决柏拉图所提问题的困难之处，大部分来自地球和我们现在称为行星的天体都绕太阳运行，而不是太阳和行星绕地球运行。地球的运动自然地解释了行星为什么有时候好像沿着黄道带向后走。但是即便哥白尼理解了这一点，他仍然难以让理论和观测吻合，因为他也和柏拉图一样，相信行星的轨道必须是圆形的。

对于柏拉图留的作业题，并不能找到真正令人满意的答案，因为行星的轨道实际上是椭圆形。这是开普勒的发现，他在年轻时碰巧也像柏拉图一样，对 5 个正多面体着迷。2 000 年来，天文学家和哲学家们都太为圆形与球体的美而倾倒了。

20 世纪 50 年代为基本粒子物理学中的问题提供了解决方法的对称性，并不是任何事物的对称性或者守恒性，甚至像原子或者行星轨道这样重要的事物也不行，而是规则的对称性，表现为守恒原理。

现代意义上的自然法则，表现为可以精确告诉我们在不同环境下会出现什么的数学方程式，首次出现是在牛顿的运动和万有引力定律中。这一定律提供了理解开普勒对太阳系的描述的基础。从一开始，牛顿的定律就包括不变性原理：我们观察到的支配运动和万有引力的定律，在我们将钟表重置或改变测量距离的起点或旋转我们的实验室之后，形式都不会变化。[1]

还有另一种不那么明显的对称性，现在叫作伽利略不变性。14 世纪，让·布里丹和尼克尔·奥瑞斯姆曾预言过这种对称性：如果我们在一个以恒定速度移动的参考系中观察自然，我们所发现的自然法则的形式应当保

---

[1] 因为一些不用数学很难解释的原因，这些对称性表示了重要的守恒定律，比如能量、动量和角动量（或者自旋）守恒。一些其他的对称性暗示了其他量的守恒，比如电荷。

持不变。

牛顿及其后继者几乎把这些不变性当作理所当然，作为其理论默认的基础，因此当这些原理本身成为严肃的物理学研究的对象时，就变得相当痛苦。爱因斯坦 1905 年的狭义相对论的核心是对伽利略不变性的修正。他这样做的动力，部分源于物理学家们一直未能发现地球运动对测得的光速有任何影响，类似船在水中行驶对于测得的水波速度产生的那种影响。在狭义相对论中，在一个匀速运动的实验室中所做的观察，仍然和牛顿力学一样，不会改变观察到的自然法则的形式，但是对于所测得的距离和时间的影响在狭义相对论中和牛顿想的不一样。运动会导致长度缩短、钟表变慢，并且不论观察者的速度如何，光速保持不变。这种新的对称性，被称为洛伦兹不变性，与牛顿物理学背道而驰，包括能量和质量可以相互转换。[1]

狭义相对论的出现和成功让 20 世纪的物理学家们注意到对称性原理的重要性。但是狭义相对论中的时空对

---

[1] 洛伦兹曾经尝试通过研究运动对物质粒子的影响来解释观察到的光速不变，爱因斯坦则是通过改变自然基本的对称性之一来解释同样的观测结果。

称性本身并不能让我们走多远。我们可以想象很多的粒子和力的理论符合这些时空对称性。幸运的是，到 20 世纪 50 年代已经很清楚了，不论自然法则是什么，都会遵循其他类型的与时空并无直接关系的对称性。

自 20 世纪 30 年代以来，人们已经知道，支配强核力的未知规律遵循质子和中子之间的对称性。质子和中子是组成原子核的两种粒子。对于支配强核力的方程来说，不仅当我们将方程中的质子换成中子或者中子换成质子时方程会保持不变，而且当我们将质子和中子换成既非质子也非中子而是两者叠加状态的粒子态，方程也不会变化。比如，可以把每个质子换成一个有 60% 的可能是质子和 40% 的可能是中子的粒子，把每个中子换成一个有 40% 的可能是质子和 60% 的可能是中子的粒子。这种对称性的结果之一是，两个质子之间的力不仅等于两个中子之间的力，而且也等于一个质子和一个中子之间的力。（这一不变群在数学上和球的不变群相同。）

随着越来越多类型的粒子被发现，人们在 20 世纪 60 年代发现，这一质子-中子对称是一个更大的对称群的一部分。这一更大的对称群被称为八重法。不仅质子和中子通过这一更大的对称性彼此联系，它们还与 6 种其他粒子相联系，这 6 种粒子被称为超子。所有受到强核力作用的粒子都归属于类似的族，不同族分别有 8 个、10 个或更多成员。

但这些内在对称性有一些令人困惑之处：和时空对称性不同，这些新的对称性很明显不是精确的。电磁现象不遵循这些对称性，质子和一些超子带电荷，中子和其他超子则不带。而且，质子和中子的质量有大约 0.14% 的不同，与最轻的超子则有 19% 的区别。如果对称性原理反映了自然在最深刻水平上的简单性，我们如何理解一种只适用于某些力的对称性呢？甚至在这些力中，对称也只是近似的。

1956—1957 年，关于对称性有了一个更加令人困惑的发现。镜像对称的原理表明，如果我们在镜子中观察自然，我们会发现自然法则没有变化。镜子的作用是逆转垂直于镜面的距离（也就是说，你身后很远的物体在镜子中看起来像在你的影像身后很远处，即在你的前方很远处）。这并不是旋转——没有办法通过旋转你的视角来逆转与镜子垂直的距离，却不逆转侧向或竖直方向的距离。人们通常认为镜像对称就像时空对称一样，是精确且普适的。但 1957 年的实验可信地表明，尽管电磁力和强核力的确遵守镜像对称，弱核力却并不遵守。人们发现粒子和反粒子之间的对称性也是如此。

所以我们有了一个双重的迷思：人们观测到的八重法对称、镜像对称和物质-反物质对称被破坏，是什么导致的？理论学家提出了数种可能的答案，但是我们会看到，这是一个错误的问题。

20世纪六七十年代，我们对于物理学中可能存在的对称性的认识有了巨大的提升。人们最初认为质子-中子对称是全局的，意思是，在时空中任何一点，只有在我们将质子和中子以同样的方式变成两者的混合物时，支配强核力的方程才不会改变。但是，如果这些方程遵循的是一个条件更高的对称性呢？如果是局域的对称性，会怎么样？局域的意思是，在时间和空间中的不同点处，如果我们以不同方式将质子和中子变成两者的混合物，方程不会改变。这就不会导致新的粒子族产生，比如中子-质子复合子或者八重子。相反，局域对称性要求存在新的类似光子（光的粒子）的粒子，这些新粒子可以产生作用于质子和中子之间的力。人们曾希望这类理论可能解释将中子和质子束缚在原子核中的强核力。

对称的概念也在另一个方向得到了扩展。20世纪60

年代，理论学家们开始考虑对称破缺的可能性。[1] 也就是说，基本的物理方程可能遵循一些对称性，但是方程的解所代表的物理状态却不遵循这些对称性。

开普勒的椭圆行星轨道是一个很好的例子。支配太阳的万有引力场以及物体在这一场中的运动方程遵循旋转对称性——这些方程中没有将空间中的一个方向与另一个方向区别开来。柏拉图设想的那类环形行星轨道也遵循这一对称性，但是在太阳系中实际存在的椭圆轨道并不遵循这一对称——椭圆的长轴在空间中指向一个特定的方向。

一开始，人们普遍认为对称破缺可能与已知的小的对称性破缺有关系，比如镜像对称或者八重法。这是一个错误的引导。对称破缺与近似对称完全不同，它完全不能像八重法那样，将粒子分成不同的族。

但是对称破缺会产生经验上可以检验的结果。因为支配太阳引力场的方程具有球对称性，椭圆轨道的长轴可以指向空间中的任何方向。这就使得这些轨道对违反这些对

---

1 "对称破缺"这一术语有些误导。在这些情况下，基本方程可能具有精确的对称性，但是这些方程的解不遵循这一对称性。

称性的任何小扰动都极为敏感，像其他行星的引力场一样。比如，这些扰动导致水星轨道的长轴每 2 573 个世纪就沿轨道平面旋转 360 度。20 世纪 60 年代，理论学家意识到强核力具有对称破缺，又被称为手征对称性，它支配着被称为 π 介子的粒子的性质。[1]

20 世纪 50 年代，粒子物理学通过局域的和破缺的对称性摆脱了低迷状态。首先，人们发现电磁力和弱核力被一种破缺的局域对称性所支配。（瑞士 CERN 的新加速器正在进行的实验的首要目标是确定是什么打破了这一对称性。）然后人们发现强核力可以用一种不同的局域对称性描述，而这一对称性不是破缺的。由此得到的强核力、弱核力与电磁力的理论，现在被称为标准模型，并且可以很好地解释几乎所有在实验室里观察到的现象。

要想详细讲述这些对称性和标准模型，或者人们提出的其他超越标准模型的对称性，需要更多的篇幅。在这里，我想要讲述对称性的一个方面，就我所知，目前还没有向

---

[1] 手征对称性类似于之前提到的质子—中子对称性，只不过对称变换对于绕前进方向顺时针或逆时针旋转的粒子来说是不同的。π 介子在某种意义上类似于椭圆行星轨道的缓慢进动，就像小的扰动可以引起轨道朝向的大变化一样，π 介子可以在能量较低的中子和质子碰撞中产生。

普通读者介绍过。20世纪70年代，当标准模型以现有的形式出现后，理论学家们很高兴地遇到了一些非常意外的事件。标准模型碰巧遵守一些对称性。碰巧的意思是，尽管它们不是标准模型所基于的精确的局域对称性，但它们是标准模型的自动结果。这些偶然的对称性解释了很多早年看上去如此神秘的事情，并且带来了有趣的新的可能性。

偶然对称来源于一个事实——关于基本粒子的可以接受的理论，往往是一种特定的简单类型。原因与我前面提到的无意义的无穷大有关。在足够简单的理论中，这些无穷大可以通过"重整化"来抵消。"重整化"是对质量或电荷等有限个物理常数进行重新定义。在这些所谓"可重整化"的简单理论中，在给定的地点和时间，只有少量粒子可以相互作用，随后相互作用的能量只能以简单的方式依赖于粒子如何运动和自旋。

很多人在很长时间里都以为，要避免棘手的无穷大，这些可重整化的理论是物理上唯一的出路。这给我们提出了一个严峻的问题，因为爱因斯坦成功的引力理论和广义相对论，并不是可重整化的理论。20世纪70年代，已经很明显，某些情况下允许不可重整化理论存在。但是如果让这些理论不可重整化的相对复杂的相互作用出自某种未知的新物理，且尺度比我们熟悉的物理过程探索的距离要小得多，这些相互作用就要受到抑制。万有引力实际上就是被高度抑制的——它是目前已知所有基本粒子的相互作用中最弱的。但是即便如此，因为不可重整化的相互作用被抑制了，物理学家们可以总是忽略它们并得到可靠的近似结果。

这是好事。它意味着只有几种可重整化的理论可以作为对自然的好的近似描述。

现在，碰巧的是，在洛伦兹不变性和标准模型精确的局域对称性的要求下，关于强核力和电磁力的最一般的可重整化的理论不能太复杂，不能打破镜像对称或者物质-反物质对称的要求。[1]因此，电磁力和强核力的这些对称性都是偶然的，与自然在基本水平上内禀的对称性无关。弱核力不遵循镜像对称或物质-反物质对称，因为它们没有任何理由要遵循。我们不应该问是什么打破了镜像对称，而应该问为什么会有镜像对称或物质-反物质对称。现在，我们知道了。

---

[1] 必须承认，关于镜像对称我略过了一些技术上的复杂性。但是关于偶然对称的这一评述确实适用于物质-反物质对称，没有复杂之处。

质子-中子对称也通过类似方法得到了解释。标准模型实际上并不是针对质子或者中子的，而是针对组成它们的被称为夸克和胶子的粒子。[1] 质子由三个夸克组成，两个是所谓"上"类型，一个是所谓"下"类型；中子则由两个下夸克和一个上夸克组成。碰巧的是，在夸克和胶子满足标准模型精确对称的最普通的可重整化理论中，能够违反质子-中子对称的就只有夸克的质量。上夸克和下夸克的质量完全不相等——下夸克几乎是上夸克的质量的两倍——因为它们没有理由要相等。但是这些质量都非常小——质子和中子的大部分质量来自强核力，而不是夸克的质量。以至于夸克的质量是可以被忽略的，因此有了质子和中子之间的偶然的近似对称。手征对称性和八重法也因为同样的偶然性而产生。

所以镜像对称和质子-中子对称及其推广一点都不基本，而是更深层次原理的偶然、近似的结果。这些对称性是我们得以对自然进行高度控制的间谍，我们是在夸大它们的重要性，就像对真间谍经常会做的那样。

---

[1] 我们从未在实验中观察到过这些粒子，不是因为它们太重而无法产生（胶子是无质量的，有些夸克也相当轻），而是因为强核力将它们束缚到一起，成为质子和中子那样的束缚态。

通过认识到偶然对称，不仅解决了关于近似对称的老谜团，也开启了令人激动的新的可能性。结果表明，在任何与标准模型包含同样的粒子且遵循其精确局域对称，并且简单到可以被重整化的理论中，都不能违反特定的对称性。[1] 这些对称被称为轻子和重子数守恒[2]，如果确实成立，将会要求中微子（只感受到弱核力和万有引力的粒子）没有质量，而且质子和很多原子核都是绝对稳定的。其实，在标准模型出现之前很久，人们就通过实验了解到了这些对称性，并且普遍认为它们是有效的。但是如果它们实际上是标准模型的偶然对称，就像强核力的质子-中子间偶然的近似对称一样，它们也可能是近似的。就像我之前提到的，我们现在理解了，使这一理论不可重整化的相互作用不是不可能，但大概会被高度抑制。一旦人们接受这些

---

1 我再次承认，略过了一些技术上的复杂之处。

2 轻子数被定义为电子和类似的略重的带电粒子数目加上中微子的数目，再减去它们的反粒子的数目。（这一守恒定律要求中微子是无质量的，因为中微子和反中微子的不同，只在于它们相对于其运动方向的自旋是逆时针还是顺时针。如果中微子具有任何质量，它们的速度就要小于光速，因此通过更快的运动超过它们之后，就有可能改变它们的视运动方向，从而将自旋从逆时针变成顺时针，中微子变成反中微子，这样轻子数就发生了变化。）重子数正比于夸克的数目减去反夸克的数目。质子是具有非零重子数的最轻的粒子，因此如果重子数总是守恒的，在能量守恒的前提下，质子发生衰变后就不能变成任何东西。

更加复杂的不可重整化的相互作用，中微子就不再必须是严格无质量的，质子也不再必须绝对稳定。

实际上，可能存在的不可重整化的相互作用给予了中微子一点微小的质量，大约是电子质量的一亿分之一，并且这一相互作用也将让质子拥有有限的平均寿命，尽管这一寿命仍然比宇宙的年龄要大得多。近年来的实验已经揭示，中微子确实有这样的质量。人们也正在进行实验，测量可能在一年内衰变的极少的质子，并且我敢打赌，这些衰变最终会被观测到。如果质子的确衰变，宇宙最终会只包含电子和更轻的粒子，如中微子和光子。我们所了解的物质将不复存在。

我说过我在这里关注的是规律的对称，而不是事物的对称。但是有一件事实在太重要，我需要讲一讲。那就是我们的宇宙。就我们所能看到的而言，在一个包含很多星系的足够大的尺度上取平均之后，宇宙看上去是没有优先位置，也没有优先方向的。但是这可能也只是偶然的。有一个吸引人的理论，叫作混沌暴胀理论。根据这一理论，宇宙开始的时候没有任何特别的对称性，只是完全混沌的状态。偶然地，充满宇宙的场在某些地方或多或少是均匀的，根据引力场方程，正是空间中的这些团块经历了被称为暴胀的指数级快速膨胀，并成为我们今日的宇宙，它所有的非均匀性都被膨胀抹平了。在不同的空间中，自然法则的对称性可以按照不同的方式破缺。宇宙的大部分仍然是混沌的，并且只有在膨胀得足够大（并且对称性也以正确的方式破缺）的区域，生命才可能出现，因此任何能够研究宇宙的生命都会发现自己身处这样的地方。

这些都是推测性的。有一些观测上的证据可以证明早期的指数级膨胀，它在充满宇宙的微波辐射上留下了痕迹，但是目前为止没有证据可以证明早期的混沌阶段。如果混沌暴胀理论被证明是正确的，我们在自然中观测到的很多东西都是我们特定位置的偶然性造成的。除了人类只能在这样的环境中生存以外，这一偶然性永远不能被解释。

12　希格斯玻色子及以上

　　2011年秋，英国著名月刊《展望》的编辑
们了解到，伟大的泛欧洲实验室CERN里，一
件重大事件正在发酵——寻找一种被称为希格斯
玻色子的粒子。它是标准模型理论所预言的粒子。
标准模型是已经获得广泛成功的关于基本粒子和
力的理论，我曾深度参与该理论。编辑们邀请我
写一篇文章谈谈对希格斯玻色子的寻找，并讲一
讲真的找到之后可能发生什么。我的文章发表在
2011年12月的《展望》上。本书第13篇文章
则讨论了后续的希格斯玻色子的发现。

在瑞士 CERN 的 LHC 工作的物理学家们正在寻找一种被称为希格斯玻色子的新型粒子。这一寻找所关乎的，可远远不止是给已知的夸克、电子等基本粒子列表再增加一个那么简单。希格斯玻色子的发现将证实一个理论，这一理论阐述了自然界的两种基本力之间的对称性是如何破缺的，以及基本粒子如何获得了质量。如果发现不了将更激动人心，因为这将让我们回到需要重新理解这一切的境地。要解释其中的利害关系，我首先需要讲一讲物理学家所说的对称性以及对称破缺是什么意思。[1]

自然法则的对称性是指，当我们以特定方式改变视角的时候，这些法则保持不变。20 世纪物理学的很大一部分就致力于发现这些对称性。最开始是 1905 年，爱因斯坦在狭义相对论中宣称，当我们将视角转移到一个移动的实验室中去观察自然的时候，一切物理定律都保持不变，包括决定了光速的物理定律。

但是自然法则的对称性并不局限于改变看待时空的方式，像狭义相对论里那样。当我们将方程中各种类型的粒子替换成其他类型时，自然法则可能也是不变的。比如，

---

1 本书第 11 篇文章对这一问题有更详细的讨论。

组成原子核的两种类型的粒子——质子和中子。20世纪30年代，人们发现，用中子取代质子之后，关于让原子核保持在一起的强核力的定律形式不变。甚至是将质子（和中子）替换成两者的混合物，比如30%的质子（或中子）加70%的中子（或质子），定律仍不变。

这并不是说20世纪30年代的物理学家们已经知道支配强核力的定律。如果他们知道，质子-中子对称性就只是次要问题了。对称性的重要之处就在于，即便我们还不知道定律本身是什么，仍可以通过实验了解其对称性，并且据此做出新的实验预测。比如，即便不知道核力的本质，物理学家们也能够从质子-中子对称性得出，硼12原子核与氮12原子核的基态能量是相同的，并且与碳12的一个激发态相同，因为通过将质子和中子变成其混合物，三种核全都可以相互转化。对称性的线索通常具有不可估量的价值，在其他方法难以到达的更基本的层面，对称性常常可以告诉我们正在发生什么。

20世纪60年代早期，一个新的想法出现了，它说明自然界可能遵循更多的对称性，比人们之前以为的更多。理论物理学家们为此欢欣鼓舞。这一新想法是，将自然法则用数学方程式表达后，方程本身可能具有一些对称性，而方程的解并不具有对称性，因此解所代表的物理现象也不遵循这些对称性。这种情况下，我们就说对称性是破缺的——它们可能是自然法则的确切性质，但是在物理现象中并不明显。

破缺的对称性在物理学中也是重要的，只是其结果不那么明显。它不像中子-质子对称性具有明显结果，可以将物理粒子或者核状态按照同样的能量进行分类。1962年，杰福里·戈德斯通、阿卜杜斯·萨拉姆和我，按照戈德斯通和南部阳一郎之前的建议证明了一个定律，该定律的推论似乎是对称破缺的普遍结果。该定律指出，在任何理论中，如果类似质子-中子这样的对称性破缺了，一定存在无质量亦无自旋的粒子——每个对称破缺对应一种这样的粒子。这种新的无质量粒子尚属未知，它们也不可能躲过探测，因为要产生它们并没有最低能量要求，所以这似乎表示自然不可能遵循任何对称破缺。

1964年，三组理论科学家分别发现了这一定律的一个例外。这三组科学家按照英文姓名首字母顺序排序，分别是罗伯特·布劳特和弗朗索瓦·恩格勒，杰拉尔德·古拉尔尼克、理查德·海根和托马斯·基布尔，以及彼得·希格斯。他们指出，有一种特定类型的对称性，即局域对称性，是戈德斯通等人的定律不适用的。对这类对称性来说，从时空中一点到另一点，保持自然法则不变的变换方式会有所不同。要让方程在这种变换下保持不变，非破缺的局域对称性理论中必须包含质量为零、自旋等于普朗克常数的粒子。光的粒子——光子，就是这种有自旋的无质量粒子。早在 10 年前，杨振宁和罗伯特·米尔斯已经描述了一大类可能存在的强相互作用的新的局域对称性，但是尚未在实际物理理论中找到任何应用。三组科学家的发现表明，当局域对称性破缺时，戈德斯通等人发现的无质量粒子不会成为物理粒子，而是会将质量给予原本有自旋无质量的杨-米尔斯粒子。

三组科学家的任何论文都没有提出关于粒子和力的任何特定的实际理论。1967 年，我试着基于局域对称性破缺来理解强核力的理论，但并不理想。某一刻我意识到，我将好的想法用错了地方。正确的应用是弱核力。（弱核力的作用是允许放射性原子核中的质子变成中子，或者反过来。）结果是这个理论不仅适用于弱核力，还适用于电磁场。这当然非常激动人心。不久之后，萨拉姆独立提出了基本相同的理论。而且，我发现谢尔登·格拉肖、萨拉姆及约翰·沃德都探索过这类理论，但是没有考虑对称破缺或者希格斯玻色子。

在萨拉姆和我自己的理论中，存在一种局域的"电弱"对称性，如果没有破缺，就要求电子、夸克和弱相互作用粒子都具有零质量。在这一理论的最初版本中，还有一个无自旋的四重场，如果对称性不破缺，这 4 个场在真空中将具有零值。（这类场已经出现在了之前提到的三组科学家给出的局域对称性破缺的示例中。）在这 4 个无自旋场中，其中一个场的真空值非零，打破了电弱对称性。并且电子、夸克和其他弱相互作用粒子通过与这些场的相互作用，都会获得质量。在这一理论中，4 个无自旋场中只有一个显现为物理粒子，是一种电中性的无自旋粒子。理论预言了其相互作用，但不幸的是并不知道其质量。这就是人们正在 CERN 搜寻的希格斯玻色子。

目前为止，已经有足够的证据表明自然界的确具有局域弱电对称性破缺。1973 年，CERN 发现了这一理论要求的新的弱核力。1984 年，同样是 CERN，又发现了带有弱核力的重粒子。两次发现都和对称破缺所预言的性质相同。尚不清楚的是，电弱对称破缺的方式是否是萨拉姆和我所描述的那样。

还有其他可能性。对称破缺可能是由于数个无自旋的四重场，这样的话，就会有数个具有复杂性质的希格斯玻色子。伦纳德·萨斯金德和我各自提出了一种更激进的可能性：理论的方程可能完全不涉及无自旋的场。相反，在已知的电弱和强核力之外，还必须有更强的艺彩力。带有艺彩力的粒子与带有弱力的粒子相互作用，从而使电弱对称破缺。这类理论中根本不存在希格斯玻色子，而会有一大堆由艺彩力聚集起来的新粒子。无论如何，LHC 的实验都将解决这一长期以来的问题：是什么导致电弱对称破缺并赋予基本粒子质量？

这当然很重要，但 LHC 还可能有更加激动人心的发现。天文学家已经有数个相互独立的证据，说明宇宙质量的约 5/6 由某种奇异的暗物质组成。暗物质是星系和星系团的引力场的主要来源。但在其他方面，暗物质和普通物质几乎没有相互作用，或者完全不作用。现在的基本粒子（包括电弱和强核力）标准模型中，没有任何粒子的性质适合作为暗物质粒子。但就像人们期待的那样，很多理论物理学家已经想出了标准模型可能产生的各种结果，其中包括暗物质粒子的候选者。

其中，最有可能的候选者是 WIMP（弱相互作用重粒子）。这些粒子单个存在时是稳定的，或者至少可以存活数十亿年，但是成对则可能湮灭，它们的能量会变成普通粒子。人们的想法是，在灼热致密的早期宇宙中，这些粒子持续地成对产生和成对湮灭，直到宇宙膨胀让它们变得稀少，不再相互碰撞，于是不能再湮灭。如果我们知道其质量以及它们相互湮灭的概率，就可以计算这些粒子中有多少存活至今。换句话说，如果我们假设这些 WIMP 组成了暗物质，并且对它们如何湮灭彼此做一个合理的估计，我们就可以计算它们的质量。所谓的"WIMP 奇迹"是，它们的质量是质子质量的 10~100 倍，正好在 LHC 可以产生的质量范围内。因此，CERN 的实验有可能向我们揭示是什么组成了大部分的宇宙。

13 为什么是希格斯玻色子

2012 年，发现希格斯玻色子的消息被宣布之后，《国际先驱论坛报》邀请我解释人们为什么如此大惊小怪。2012 年 7 月 14 日到 15 日的那个周末，下文发表在他们的专栏上。我的另一篇类似主题的文章发表在 2012 年 8 月 16 日的《纽约书评》上。

文中，对于 CERN 发现的新粒子是否真的是 1967—1968 年关于弱力与电磁力的理论所预言的"希格斯玻色子"，我审慎地保持了开放态度。现在，在 5 年持续的实验与分析之后，这已经毫无疑问。人们测量过的物理量中，不论是产生率还是种种衰变模式下的衰变率，都与这一理论相符。

2012 年 7 月 4 日，关于日内瓦的 CERN 实验室发现了希格斯玻色子的消息已经传遍了全世界。第二天，《纽约时报》头版头条的新闻标题是："物理学家发现难以捉摸的粒子，它被看作宇宙的钥匙"。

为什么这么大惊小怪？新的基本粒子时不时被发现，但都没有得到这么多关注。人们常说，要解释所有其他基本粒子如何获得了质量，这一粒子提供了关键的线索。的确如此，但这需要一番解释。

我们有一个关于基本粒子及其相互作用力的理论，被称为标准模型，它已经得到了充分的检验。标准模型的核心特征之一是两种力之间的对称性：一种是电磁力，另一种是人们不那么熟悉的弱核力（在为太阳提供能量的一系列反应中，弱核力提供了第一步）。这一对称性意味着在此理论的方程中，这两种作用力的粒子进入方程的形式基本相同。将带有电磁力的光的粒子，即光子，换成带有弱核力的 W 粒子和 Z 粒子的组合，方程是不变的。

如果没有外力打破这一对称性，W 粒子和 Z 粒子就会像光子一样没有质量。实际上，由于一些在这里不能细讲的原因，其他所有的基本粒子都会是无质量的。当然，大部分基本粒子都不是。比如，W 粒子和 Z 粒子就不像光子那样无质量，其质量是氢原子质量的 100 倍。

自 1960 年以来，人们已经知道对某些系统来说，理论方程可能具有精确的对称性，但是可观测的物理量，比如粒子质量这样的量，却并不遵循对称性。1964 年，罗伯特·布鲁特和弗朗索瓦·恩格勒，彼得·希格斯，杰拉尔德·古拉尔尼克、理查德·海根和托马斯·基布尔，为一大类包含了如光子在内的传导力的粒子的一般理论计算出了这种对称破缺的结果。1967—1968 年，已故的阿卜杜斯·萨拉姆和我独立使用这一数学方法构建了一个理论——现代弱电统一理论，它已经成了标准模型的一部分。这一理论预言了 W 粒子和 Z 粒子的质量，当这些粒子于 1983—1984 年在 CERN 被发现时，这些预言得到了证实。

但是究竟是什么打破了电弱对称性，从而让基本粒子获得了质量呢？萨拉姆和我认为"罪魁祸首"是空间中无处不在的所谓标量场。这就像磁铁中发生的一样——尽管描述铁原子的方程不会将空间中的一个方向与其他方向区别开，但原子产生的任何磁场都会有一个指向。标准模型中导致对称破缺的场在空间中并不区别特殊方向——这就是所谓的"标量"。相反，它们将弱力与电磁力区别开，并且给了基本粒子质量。就像铁冷却并硬化后产生磁场一样，在宇宙早期扩张和冷却时，这些永不消失的标量场出现了。

希格斯玻色子就是在这里引入的。1960—1964 年关于对称破缺的大部分论文中，研究的示例模型都引入了标量场以获得对称破缺，并且通常发现其中某些场会表现为重粒子，即场的能量束。类似的，萨拉姆和我在1967—1968 年发现，我们为了获得弱电对称破缺而引入的 4 个标量场中，有一个会表现为一种新的电中性的不稳定粒子。这就是希格斯玻色子，它现在可能被发现了，从而证实了标准模型中关于基本粒子如何获得质量的描述。

人们确实发现了一种新的电中性的不稳定粒子，但它是否就是希格斯玻色子？1967—1968 年的电弱理论预言了希格斯玻色子除质量外的所有性质。现在，既然已经测量了新粒子的质量，我们就可以计算它以各种方式衰变的概率。目前为止，只观测到几种衰变模式，尽管新粒子似乎像希格斯玻色子一样衰变，但还需要更多的工作来确定这一点。而且，如果新的粒子确实是希格斯玻色子，它就会像棒球中的指节球一样——它会是无自旋的，这和其他所有已知的基本粒子不同。这一点也必须进行检验。

这些都是一个审慎的物理学家会讲的话。但是，我从1967年开始就在等待希格斯玻色子的发现，现在我很难怀疑它确实被发现了。

所以呢？即使新粒子就是希格斯玻色子，也不能用它来治疗疾病或者改进技术。这一发现只是填补了我们对支配一切物质的自然法则的理解的空白，并且让我们更清楚早期宇宙中发生了什么。很多人关心这类科学，并且将它像艺术一样当作我们文明的光荣，这真是太好了。

好吧，并不是每个人都这样想，即使是这样的人，也必须要问研究自然法则是否值得我们花费数十亿美金来建设 CERN 这样的粒子加速器。这一问题将不可避免地重新出现，因为我们现在的标准模型当然不是故事的结局。它忽略了万有引力；它不能解释夸克、电子以及其他粒子的质量；并且它的任何粒子都不能解释暗物质，而天文学家告诉我们宇宙中物质总质量的 5/6 是暗物质。要解决这些问题，你可以确信物理学家们会向他们的政府申请所需的设施。

即使对那些不在乎学习自然法则的人来说，这种支出也是有理由的。探索知识的前沿，一方面就像战争一样——它将现代技术推向极致，通常会产生极有实用价值的新技术。比如，在 CERN 产生的新粒子，是通过将质子以超过每秒一亿次的速率碰撞产生的。要分析所有这些碰撞产生的海量数据，需要无与伦比的实时计算能力。而且，在质子撞击之前，它们沿着 27 千米的环状管道运动多次，被加速到了超过其静止质量 3 000 倍的能量。在加速过程中，要将它们保持在轨道中需要极强的超导磁铁，这些磁铁通过世界上最大的液氦源进行冷却。在 CERN 之前的工作中，基本粒子物理学家发展出了一套分享数据的方法。这一方法现在变成了互联网。

在更长的时间尺度上，技术的进步将反映出我们正在拼接的自然的连贯图像。19 世纪末，英国的物理学家们在探索近似真空中的电子电流的特性。尽管这在当时是纯粹科学，没有任何实际目的，但它让我们了解了电子，如果没有这些知识，就不可能有今日的大部分技术。如果这些科学家将自己限制在具有明显实用性的工作上，他们就会去研究蒸汽锅炉的运转了。

14 量子力学的麻烦

　　如今，量子力学被看作描述自然法则的普适数学构架。关于在计算中应该如何应用它，物理学家们意见一致，并且其应用惊人成功地描述了原子、分子、原子核、基本粒子等。然而，关于它的某些特征却仍然争议不断，尤其是在它的测量和概率的假设如何表达和证明方面。

　　我和大部分物理学家一样，在过去的工作中通常满足于使用量子力学，而不太担心这类争议。但是2012年，我在写一本量子力学的教科书时，决定研究一下这些问题，好把它们介绍给研究生。

　　一些物理学家们深深思考过量子力学的基

础，我读了许多他们的著作，读完却感到有些不安，因为我不能选定任何一种令我完全满意的对量子力学的解读。2015年，当我需要修订自己的教科书时，面对同样的问题，我更不安了。

大约从那时起，我开始考虑写一篇面对普通读者的文章，描述关于量子力学的问题。当我受邀于2016年10月在科学写作促进委员会在圣安东尼奥举行的第四次年度帕特鲁斯基讲座上发表演讲时，这一想法有了实现的可能。这是一个难得的机会，因为我可以试试能否将量子力学给非物理学家讲得明白易懂。

我认为自己的讲座效果不错，所以我将它写了下来，并于2017年1月19日发表在《纽约书评》上。这是我与《纽约书评》伟大的编辑罗伯特·西尔弗斯合作的最后一篇文章，他已于2017年3月20日去世。

用"合作"这个词再恰当不过了。鲍勃（罗伯特的昵称）想在《纽约书评》上时不时收录一些基础科学的文章，但他知道要将物理学的概念翻译给广大读者是多么困难。写量子力学的话，这尤其是一个问题，因为量子力学的概念与人类直觉相去甚远，以至几乎无法用数学语言之外的任何语言表达。鲍勃为我的第一稿指出了许多模糊不清之处，并且不知疲倦地督促我将它们变清晰。无论这篇文章中还有什么含混的地方，已经没有编辑可以把它们讲得更清楚了。

量子力学在 20 世纪前几十年中的发展令很多物理学家震惊。如今，尽管量子力学获得了巨大成功，但对于其意义和未来，仍然争议不断。

首先，它挑战了物理学家们自 1900 年以来习惯了的清晰分类。有粒子——原子，随后是电子和原子核，也有场——充满一个区域的空间的性质，在其中受到电力、磁力和万有引力的作用。人们清晰地认识到，光波是可以自我维持的电场和磁场震荡。但是为了理解由受热物体发出的光，爱因斯坦在 1905 年发现必须将光描述成流动的无质量粒子，即后来所谓的光子。随后，在 20 世纪 20 年代，根据路易·德布罗意和埃尔温·薛定谔的理论，一直被认为是粒子的电子，在某些情况下却表现为波。为了解释原子稳定状态的能量，物理学家们不得不放弃认为原子中的电子像小小的牛顿式行星绕着其原子核旋转。将原子中的电子描述成波会更好，就像管风琴里的声波一样待在原子核周围。[1] 世界的分类全都乱了。

更糟的是，我们知道海的波浪是水波，电子的波却不是带电物质的波，而是像马克斯·波恩意识到的那样，是概率的波。当一个自由电子与一个原子碰撞时，我们原则上不能说它会弹到哪个方向去。电子的波在遇到原子之后，就像海浪遇到礁石一样，会向四面八方散开。但波恩意识到，这并不是说电子本身散开了。相反，是未散开的电子朝某一个方向运动，但不是精确可预测的方向。波较稠密的方向可能性更大，但任何方向都是有可能的。

对 20 世纪 20 年代的物理学家来说，概率并不陌生。但人们一直认为，不论概率研究的是什么，它反映了关于研究对象的知识尚不完美，而不是基本物理定律具有

---

[1] 管风琴或开或闭的两端对于声波的限制要求，奇数个四分之一波长或者偶数或奇数个半波长正好放进管子里，这就限制了风琴可能产生的音符数量。在一个原子中，波函数从原子核周围到远处必须满足连续性条件和有限性条件，这也限制了原子态可能的能量。

非决定论的性质。牛顿的运动和万有引力理论确立了决定性定律的标准。在一个特定时刻，如果足够精确地知道太阳系中每个天体的位置和速度，牛顿定律会精确地告诉你它们在未来很长时间内会到哪里去。在牛顿物理学中，只有在我们的知识不完美的时候，才会引入概率，比如我们关于一对骰子被如何扔出去没有精确知识的时候。但是在新的量子力学中，似乎失去了物理定律本身的瞬间决定论。

这都非常奇怪。爱因斯坦在 1926 年写给波恩的一封信中抱怨道："量子力学非常令人称奇。但是内心的声音告诉我，它还不是真实的事物。这一理论解释了很多东西，但是几乎不能带我们靠近那古老的秘密。我无论如何都不相信，他会掷骰子。"[1] 直到 1964 年，费曼在康奈尔大学的信使讲座中还抱怨道："我想我可以很有把握地说，没有人理解量子力学。"[2] 量子力学和过去的决裂如此彻底，以至之前所有物理学理论现在都被称为

---

[1] Quoted by A. Pais in *Subtle Is the Lord* (Oxford: Oxford University Press, 1982), 443.

[2] R. P. Feynman, *The Character of Physical Law* (Cambridge, MA: MIT Press, [1965]), 129.

"经典理论"。

在大多数情况下，量子力学的怪异没什么关系。物理学家们学会了如何用它来越来越精确地计算原子能级，以及粒子碰撞后散射到不同方向的概率。劳伦斯·克劳斯曾称赞对氢光谱中一种效应的量子力学计算为"所有科学中，最好、最精确的预测"。[1] 除了原子物理学，物理学家吉诺·塞格雷列出的量子力学的早期应用包括分子中原子的结合、原子核的放射性衰变、电的传导、磁以及电磁辐射。[2] 后来的应用跨越了诸多领域，从半导体、超导体到白矮星、中子星，再到核力以及基本粒子。即使是最大胆的现代猜测，比如弦论或者宇宙暴胀，也都是在量子力学的情境下构建的。

很多物理学家开始认为爱因斯坦和费曼及其他人对量子力学陌生的一面做出的反应过分夸张了。我曾经也持这样的观点。毕竟，牛顿的理论也曾被很多同时代的人反对。牛顿的批评者们认为他引入的是一种超自然的力量。万有引力与任何可感知的推或拉无关，而且

---

[1] Krauss, *A Universe from Nothing* (New York: Free Press, 2012).

[2] G.Segre, *Ordinary Geniuses* (New York: Viking, 2011).

也不能在哲学或纯粹数学的基础上对它进行解释。而且，牛顿的理论还终结了托勒密和开普勒的一个主要目标——从第一原理出发计算行星轨道的大小。但是最终，反对牛顿的声音逐渐退去了。牛顿及其追随者们不仅成功地解释了行星运动和苹果落地，还解释了彗星与卫星的运动，以及地球的形状和自转轴的进动。到18世纪末，这一成功已经确立了牛顿的运动和万有引力理论的正确性，或者至少是一个惊人精确的近似。显然，严格要求新的物理学理论符合先入为主的哲学标准根本是一个错误。

在量子力学中，一个系统的状态不像在经典力学中那样，是通过给出每个粒子的位置和速度以及各种场的值和变化率来描述的。相反，一个系统在任意时刻的状态都是可以通过波函数描述的，本质上是一列数字，每个数字代表一种系统可能的结构。[1]如果系统是一个单一粒子，它在空间中的每个可能位置对应一个数字。这有点像经典物理学中对声波的描述，只不过在描述声波时，空间中每个

---

[1] 这些数字是复数，即每个数字的一般形式是 $a+ib$，其中 a 和 b 是普通的实数，而 i 是 -1 的平方根。

点的数字对应的是这一点的气体压强，而量子力学中粒子波函数中的数字对应的是粒子处在那一点的概率。这有什么可怕的吗？爱因斯坦和薛定谔放弃使用量子力学，后半生都没有参与其他人获得的激动人心的进步，这当然是悲剧性的错误。

即便如此，我对于量子力学的未来却不像以前那么确定了。如今，最熟悉量子力学的物理学家们对于它是什么意思各有看法，这不是一个好兆头。分歧主要是关于量子力学中测量的性质。可以通过考虑一个简单的例子——电子自旋的测量，来展示这一问题。（一个粒子在任何方向的自旋，是指围绕指向那个方向的轴旋转的物质量。）

所有的理论都一致，实验也证实了，当人们测量一个电子绕任意方向的轴的自旋时，只有两种可能的结果。一种可能的结果是等于一个正数，一个自然常数。（这一常数是马克斯·普朗克在 1900 年关于热辐射的理论中首次提出的，表示为 h 除以 4π。）另一种可能的结果是第一个数的反数。这些或正或负的自旋数值，对应一个电子绕该方向顺时针旋转还是逆时针旋转。

但是只有进行测量时才会只有这两种结果。在没有测量的时候，一个电子的自旋就像一个音乐和弦一样，由对应正负自旋的两个音符叠加而成，每个音符都有自己的振幅。就像一个和弦产生的声音和每个单独的音符都不同，一个电子的自旋状态在测量之前是两种确定自旋状态的叠加态，和每个单独的状态都不同。使用音乐类比的话，测量自旋就是将和弦的全部强度转移到其中一个音符上，然后我们就只听到这个音符。

这可以用波函数来描述。如果我们忽略电子除自旋外的一切，它的波函数中就没有什么是像波的了。它变成了一对数字，每个数字分别对应绕选定方向自旋的两个符号，类似于和弦中两个音符的振幅。两个自旋就对应 4 个数字，以此类推。[1] 一个没有被测量自旋的电子的波函数，对应两个符号的自旋通常都非零。

量子力学中有一条定律，被称为波恩定则，告诉我们如何使用波函数计算实验中各种可能结果的概率。比如，波恩定则告诉我们，测量绕某个方向的自旋时，得

---

[1] 听上去很简单，但这样的波函数包含的信息比选择自旋的正负要多得多。正是这些多余的信息制造出了量子计算机。量子计算机使用这类波函数储存信息，所以比普通数字计算机要强大得多。

到一个正或负的结果的概率正比于波函数中对应这两个自旋状态的数字的平方。[1]

将概率引入物理定律令过去的物理学家们不安，但是量子力学的麻烦并不是它涉及概率。我们可以忍受这一点。麻烦是，量子力学中波函数随时间变化的方式是受薛定谔方程支配的，而薛定谔方程并不涉及概率。它和牛顿的运动和万有引力方程一样是决定论的。也就是说，只要给出任一时刻的波函数，薛定谔方程会精确地告诉你波函数在未来任一时刻会是什么样，甚至不存在混沌的可能性。混沌是对初始条件的极端敏感，在牛顿力学中可能出现。所以如果我们认为整个测量过程是被量子力学的方程支配的，并且这些方程是完全决定论的，概率是怎么进入量子力学的呢？

一个常见的回答是，在一次测量中，自旋（或者其他被测量的量）被置于一个与宏观环境的相互作用中，这个环境以不可预测的方式进行着微小抖动。比如，环境可能是用来观测该系统的一束光中的雨点一样的光子，就像

---

[1] 精确地说，这些"平方"是波函数中的复数的绝对值的平方。如一个 $a+ib$ 形式的复数，其绝对值的平方是 a 的平方加 b 的平方。

真实的雨滴一样不可预测。这样的环境导致波函数中不同状态的叠加态分解了，导致被测量的确定的但不可预测的结果。（这叫作去相干。）就像喧闹的背景莫名其妙且不可预测地留下了和弦中的一个音符。但是这并没有回答问题。如果决定论的薛定谔方程不仅支配了自旋依赖时间的性质，而且支配了测量仪器和使用它的物理学家，测量结果在原则上不应该是不可预测的。所以我们仍然要问，概率是怎么进入量子力学的呢？

对此谜题的一个答案，是在 20 世纪 20 年代由玻尔给出的，后来这被称为量子力学的哥本哈根诠释。根据玻尔的见解，在测量时，系统的状态，比如自旋，会坍缩到一种或者另一种结果。坍缩的方式本身不能被量子力学描述，并且也确实是不可预测的。现在普遍认为这一答案不能被接受。似乎没有办法找到玻尔所说的边界——量子力学适用和不适用之间的地带。巧的是，我曾经在玻尔在哥本哈根的研究所就读，但当时他非常伟大而我非常年轻，我从来没有过机会跟他讨论这个问题。

现在，人们普遍遵循两种量子力学方法，我管这两种方法分别叫"现实主义的"和"工具主义的"方法。这两个派别对测量中概率的起源有两种非常不同的看法。[1] 但这两种方法在我看来都不太令人满意，下面我会解释原因。[2]

工具主义方法继承了哥本哈根诠释，但不再想象一个边界，并认为边界之外的现实不能被量子力学所描述。相反，它完全否认量子力学对现实的描述。仍然有一个波函数，但它并不像粒子或场一样是真实的。相反，它只是一个工具，在进行测量时预测各种结果的概率。

对我来说，这种方法的问题似乎不只是它放弃了科学的一种古老的目的：说出真实发生的是什么。它是一种不幸的屈服。在工具主义方法中，我们必须假设，这些使用波函数计算人类测量时各种结果概率的规则（比如我之前提到的波恩定则），就是自然的基本法则。因此最基本层面的自然法则中就有了人类。根据量子力学的先驱尤金·维格纳所说："如果不考虑意识，就不可能形

---

1 Sean Carroll 在 *The Big Picture* (New York: Dutton, 2016) 中，很好地描述了现实主义者和工具主义者的方法之间的对立。

2 我在 *Lectures on Quantum Mechanics*, 2nd ed. (Cambridge: Cambridge University Press, 2015) 的 3.7 部分中详细讨论了这一点的数学细节。

成完全一致的量子力学的规律。"[1]

因此工具主义方法否认了在达尔文之后就变得可能的一种前景，即一个由客观物理规律支配的世界，这些规律控制了人类的行为以及其他一切。这并不是说我们反对思考人类。相反，我们希望理解人与自然的关系。不是通过将这一关系包括进我们认为的基本自然法则中来假想这一关系，而是从不一定直接依赖人类的规律进行推理。最终我们可能必须放弃这一目标，但是现在我觉得还不必。

有些采纳了工具主义方法的物理学家主张，我们从波函数推出的概率是一种客观概率，与人类是否进行测量无关。我认为这站不住脚。在量子力学中，这些概率原本并不存在，直到人选择了要测量什么，比如绕某个或另一个方向的自旋，概率才出现。不同于经典力学的是，这时必须做出选择，因为在量子力学中，是不能同时测量一切的。就像海森堡意识到的那样，一个粒子不能既有一个确定的位置又有一个确定的速度。类似的，如果我们知道描述一

---

[1] Quoted by M. Gleiser, *The Island of Knowledge* (New York: Basic Books, 2014), 222.

个电子自旋的波函数，我们就可以计算，对它绕北方的自旋进行测量结果为正的概率是多少，或者对它绕东方的自旋进行测量结果为正的概率又是多少，但我们不能问自旋绕两个方向同时为正的概率，因为在两个方向上都有确定自旋的状态并不存在。

量子力学的现实主义方法，在一定程度上避免了这些问题。[1] 这一方法严肃地对待波函数及确定性的演化，认为它是对现实的描述，但是这又会引起很多其他问题。

现实主义方法可能有一个非常奇怪的结果，由已故的休·埃弗莱特在 1957 年普林斯顿的博士论文中首先发现。当一个物理学家测量电子自旋的时候，比如绕北方的自旋，在现实主义方法中，电子的波函数、测量仪器及物理学家都被认为是确定性的，正如薛定谔方程所规定的。但是由于它们在测量中的相互影响，波函数变成了两项的叠加：其中一项里，电子自旋是正的，世界上所有看到它的人都

---

[1] 我这里使用的"现实主义"并不是指一般现代意义上的讲究实际而且不带幻觉，而是一种更中世纪的方式。一个中世纪现实主义的哲学家认为柏拉图的图形是真实的，而在量子力学的现实主义方法中，波函数被认为是现实的一部分，而不只是一个计算概率的工具。

认为它是正的；另一项里，电子自旋是负的，所有人都认为它是负的。因为在波函数的每一项里，每个人都相信自旋只有一个确定的符号，所以叠加态的存在是无法探测的。等效于世界的历史一分为二，彼此不相关。

这很奇怪，但是历史的裂变还不仅发生在人们测量自旋时。在现实主义方法中，每次一个宏观物体涉及量子态的选择时，世界的历史就在不断分裂。历史的多样性简直不可思议，为科幻小说提供了素材[1]，并且为多重宇宙提供了依据。在多重宇宙中，我们所在的这部分宇宙的特定历史受到一个条件的限制：它需要足够温和，允许智慧生命存在。但是设想所有这些平行历史令人非常不安，像很多物理学家一样，我更喜欢单一的历史。

除了我们狭隘的偏好以外，现实主义方法还有另一点使人不安。在这一方法中，整个多重宇宙的波函数进行着确定性的演化。我们仍然可以说，概率是当我们在一个历史中进行很多次测量时，不同结果出现的次数。但是，决定我们所观察到的概率的规则必须服从整个多重宇宙的确

---

[1] For instance, *Northern Lights* by Philip Pullman (London: Scholastic, 1995) and the early "Mirror, Mirror" episode of *Star Trek*.

定性演化。若非如此，我们就需要对人类进行测量时发生的状况做一些额外假设，之后才能预测概率，并且我们会回到工具主义方法的缺点上。遵循现实主义方法的数次尝试已经接近推测出类似波恩定则这样在实验中很有效的规律，但是我认为还没有获得最终的成功。

在埃弗莱特写到多重宇宙之前很久，量子力学的现实主义方法就已经遇到了另一个困难。1935 年，爱因斯坦与其合作者鲍里斯·波多尔斯基和内森·罗森的一篇论文中强调了这一点，并且与"纠缠"现象有关。[1]

我们自然地倾向于认为可以对现实进行局域描述。我可以说在我的实验室里发生了什么，你可以说在你的实验室里发生了什么，我们不需要同时讨论这两者。但在量子力学中，一个系统可能处于一种纠缠状态，涉及系统中任意远的不同部分之间的相关性，就像一个非常长而坚硬的杆子的两端。

比如，假设我们有一对电子，电子绕任意方向的总自旋是零。这样的状态中，波函数（忽略除自旋外的一切）

---

[1] 关于纠缠，可以阅读 Jim Holt, "Something Faster than Light? What Is It?," *New York Review of Books* 63, no. 17 (November 10, 2016): 50-52.

是两项的和：一项中，电子 A 具有正自旋而电子 B 具有负自旋，方向是北方；另一项中，波函数的正负号反过来。我们就说电子的自旋是纠缠的。如果没有什么干扰这些自旋，即便两个电子相距很远的距离，这一纠缠状态也会继续。不论它们分开多远，我们必须讨论两个电子的波函数，不能单独讨论一个。爱因斯坦对量子力学的不信任，不亚于或者甚至超过对概率的不信任。

尽管奇怪，量子力学导致的纠缠实际上已经在实验中观察到了。但是这样非局域的事情怎么能代表现实呢？

那么对于量子力学的缺点，我们必须做什么呢？合理答案就包含在针对学生问题的一句传奇性回答中："闭上嘴，去计算！"关于怎样使用量子力学是没有异议的，所以问题也许只是语言上的。

另一方面，以现有量子力学形式理解测量时出现的种种问题，可能是在警告我们理论需要修改。量子力学在原子上运用得这么好，以至任何新理论在这些小事上都不得不和量子力学难以区别。但是有可能设计一个新的理论，使大物体（比如物理学家及其仪器）的叠加量子态，即使在孤立情况下也可以进行迅速、自发的坍缩，从而让概率演化到可以给出量子力学中期待的结果。埃弗莱特的很多历史会自然地坍缩为一个单一历史。发展这样一个新理论的目标是，不需要在物理定律中给予测量任何特殊的地位来达到这一结果，在被称为后量子力学的理论中，测量应该成为普通物理过程的一部分。

发展这一新理论的困难之一，是我们不能从实验中获得任何方向——目前的所有数据都符合普通量子力学。然而，从一些普遍原理中，我们确实得到了一些帮助，这些原理对任何新理论都给出了惊人的严格限制。

显然，概率必须都是正数，而且加起来等于100%。还有另一个要求，是普通量子力学所满足的，那就是概率演化在纠缠状态的测量中不能用于传送即时信号，否则会违反相对论。狭义相对论要求任何信号的传播速度都不能超过光速。把这些要求放到一起后，结果是最普遍的概率演化需要满足林德布劳德方程（量子主方程）。[1]一般量子力学的薛定谔方程是林德布劳德方程的一个特

---

[1] 这一方程是以戈兰·林德布劳德的名字命名的，但维托里奥·戈里尼、安德雷·科萨科夫斯基和乔治·苏达山也独立发现了这一方程。

殊例子，但是林德布劳德方程通常涉及很多新的量，这些量偏离了量子力学。这些量的细节我们并不知道。尽管理论界之外很少有人知道，但已经有了一系列有趣的论文，它们可以追溯到1986年一篇很有影响力的文章。这篇论文的作者是的里雅斯特的吉安·卡洛·吉拉迪、阿尔贝托·里米尼和图里奥·韦伯，他们在文中使用林德布劳德方程将量子力学以各种方式进行一般化。

近来我在思考一个可能的实验，即在原子钟里寻找偏离普通量子力学的迹象。原子钟的核心是由已故的诺曼·拉姆齐发明的一个装置，它可以将微波或可见光辐射调节到已知的自然频率，即当原子处于两种不同能量状态的叠加时，原子波函数震动的频率。这一自然频率等于钟里面使用的两种原子状态的能量之差除以普朗克常量。在任何外界条件下，这一频率都是相同的，因此可以作为一个固定的参考频率，就像塞夫勒的铂铱合金圆柱体被当作固定质量标准一样。

将电磁波的频率调节到这一参考频率，有点像把一个节拍器调节到与另一个节拍器相一致。如果同时开启两个节拍器，并且经过1 000个节拍之后两者仍然同步，你就知道它们的频率至少在1‰的水平上是相等的。量子力学计算表明，一些原子钟里的调节精度应该是十亿亿分之一，并且这一精度确实实现了。但是如果林德布劳德方程中其他项（表达为能量）所代表的量子力学修正大到十亿亿分之一的话，这一精确度就应该大大降低了。[1]因此新的项一定比这还要小。

这一限制有多么重要呢？不幸的是，这些关于量子力学修正的想法不仅完全是猜测性的，而且很模糊，我们也完全不知道我们应该指望量子力学的修正有多大。关于这一问题，以及更一般的关于量子力学未来的问题，我必须重复维奥拉在《第十二夜》中所说的："哦，时间，你必须揭示这一切，而不是我。"

* * *

此前文字发表后收到了很多评论，有些发到《纽约书评》，有些直接发给了我。鲍勃·西尔弗斯建议我针对这些评论写一个简短的回复。下面的信件于 2017 年 4 月 6 日发表在《纽约书评》上。

---

[1] 我在 2016 年发表在《物理评论》上的文章中说明了这一点。

我的文章《量子力学的麻烦》收到了潮水般的评论。有些来自非科学家，他们发现物理学家们也可能有不同意见，觉得很有趣。这里篇幅有限，只能针对性地回复几个物理学家的评论，他们提出论据，支持量子力学的某些解读，认为这些解读说明不需要考虑对这一理论进行修正。天啊，这些解读各有不同，而且对我来说似乎都不完全令人满意。

康奈尔大学的 N. 大卫·默明像典型的雄辩家一般，主张一种我会称为工具主义的方法。在他看来，科学直接关系到每个人的全部经验和引起这些经验的外部世界的关系。我的回复是，我希望有一个物理理论可以允许我们从与人无关的规律出发，推断测量结果，这些规律可以应用到一切事物，而且这些规律不需要赋予人任何特殊地位。我在回复中还提出，我们的不同只在于默明认为我想要的太多了。他同意了，并认为这些希望只是我的，不是他的。

与此相对，罗格斯大学的托马斯·班克斯在我们的通信及一本新书稿中，描述了他想要避免将人类测量带入自然规律中而做出的优雅努力。他将测量描述为被测量的系统与宏观系统的互动，在这一互动中，概率的表现就像经典物理学中的概率一样。但是仍然有必要在自然规律中带入关于概率的假设，我只能将其理解为当人类决定要测量什么之后得到某些值的概率。

我和卡内基-梅隆大学的罗伯特·格里菲斯和加州大学圣芭芭拉分校的詹姆斯·哈特有过一次有趣的对话，内容是关于一种量子力学方法，被叫作"退相干历史"或者"一致历史"，是 1984 年由格里菲斯引入的，然后由哈特和盖尔曼进一步发展。他们认为自然法则赋予世界的不同历史以概率，而不仅是赋予单次测量结果以概率。我在我的教科书《量子力学讲义》中详细描述了这一方法，但在文章中并没有，因为我认为它和工具主义方法具有相同的缺点。这些历史的波函数涉及对大部分物理量做平均，少数保持不变，就好像它们是被测量的一样，但是使不同量保持不变的不同历史不能够相容，人类必须要选择一种特定的历史来确定概率。格里菲斯发展了一种与他的方法一致的量子逻辑，但是并不令我满意。哈特和盖尔曼可能也和我一样不那么满意，因为他们转向了一种"真实"的不需要人来选择的历史，但是他们必须赋予这种历史奇怪的负概率。我还是不满意。

杰里米·伯恩斯坦是《纽约书评》的一位作者，和默明一样认为量子力学目前毫无问题，但是他提供了一则与这种观点相悖的逸事。一位到爱因斯坦在布拉格的办公室参观的人，注意到窗户正对着一座精神病院。爱因斯坦解释道，那里关着的是那些不思考量子力学的疯子们。

III

社会观评

15 奥巴马关于太空经费的明智之举

奥巴马政府在 2010 年 1 月发布的预算，让我得以再次对载人航天项目的花费进行抨击。我反对这一项目（成效甚微）已经数年了。2004 年，小布什总统宣布了一项宏伟的载人航天项目：重返月球，然后登上火星！很快，我就在《纽约书评》上发表了一篇文章《错误的事情》，反对这一耗资巨大且在科学上毫无价值的项目，但我充满希望地预言了未来的总统不会继续这一经费支出。6 年之后，奥巴马总统的预算要求大幅削减载人航天项目的花销。

并不是所有得克萨斯人都为此感到高兴。美国载人航天项目指挥部就设在休斯敦的约翰逊载人航天中心，这大大增加了当地的自豪感和就业率。但是我很高兴载人航天项目的经费被削减，并且写了一篇专栏文章解释原因。当《华尔街日报》接受这篇文章时我有些惊讶，因为我没有想到该报刊的编辑委员会是奥巴马总统的仰慕者。也许他们无法拒绝一篇赞扬联邦财政削减任何预算的文章。文章发表于2010年2月4日。编辑为它加了一个副标题——"一次载人航天任务的耗资，足以将数百个机器人送到火星"，我欣然同意。随后得州一些主流报纸转载了这一文章，包括《达拉斯晨报》、《休斯敦新闻报》以及《奥斯汀美国政治家报》。

在本周公布的联邦财政预算中，奥巴马总统要求为NASA增加2%的预算，同时削减其载人航天项目预算。如果国会通过，这一削减很可能会终止宇航员重返月球的计划。有人宣称这些削减会损害美国在科学与技术上的实力，但是总统的支出计划实际上可能会促进这两方面的发展。

载人航天项目伪装成科学，实际上却将真正的科学挤出了 NASA，而真正的科学都是通过无人任务完成的。2004 年，小布什总统宣布了 NASA 的新愿景：让宇航员重返月球，随后执行去往火星的载人航天任务。几天之后，NASA 的太空科学办公室就宣布大幅削减重要的"超越爱因斯坦"项目和"探测器"项目的资金，理由是它们"没有清晰地支持总统对于太空探索的愿景"。

小布什总统发表声明后不久，我就预言将宇航员送到月球和火星是如此昂贵，未来的政府会放弃这一计划。这一预言似乎已经成真。

NASA 过去在天文学领域的所有辉煌成就，都是由无人卫星搭载的天文台做出的，而且还有很多事需要去做。通过研究宇宙微波辐射的偏振，我们可能发现在大爆炸最初几分之一秒发出的引力波的证据。通过在两组卫星之间发射激光束，我们应该可以直接探测到中子星和黑洞碰撞发出的引力波。[1] 通过将很多星系的距离和速度联系起来，我们可以探测神秘的暗能量——它组成了宇宙中的大部分能量。

---

[1] 2015 年发现了来自碰撞黑洞的引力波，2017 年发现了来自碰撞中子星的引力波。这些观测都是由地基设施实现的，但这样的观测在地球上仍然受到地震噪声的严重限制。

这些都与宇航员无关。所有这些项目的花销都会是几十亿美元——耗资巨大，但是绝对比不上耗资数千亿美元的载人重返月球的项目，或者耗资比千亿美元还要多得多的登陆火星的项目。

确实，宇航员通过维修哈勃太空望远镜，对天文学做出了巨大贡献。但是如果哈勃望远镜是通过无人火箭而不是航天飞机送上轨道，会省下巨额经费，这样我们也不用维修一个哈勃望远镜，而是可以有六七个哈勃望远镜在轨道上，也就不需要维修了。

无论如何，用宇航员维护卫星天文台的想法已经过时了。目前的无人观测站，比如极为成功的 WMAP 和欧洲航天局新的普朗克卫星（它研究的是物质产生之前宇宙暴胀的时期），都不像哈勃望远镜那样在地球轨道上，而是在 L2 点。这是太空中一个安静的点，总是在地球背对太阳的那一面，距离地球百万英里远，超过了宇航员可以到达的距离。哈勃望远镜的后继者——詹姆斯·韦伯太空望远镜，也会在 L2 点。

放弃载人航天项目并不意味着我们必须放弃探索太阳系。总统的预算是为 NASA 花费 190 亿美元，比将几个宇航员送到火星上一个单独位置的成本要少得多，我们可以将数百个类似"勇气"号和"机遇"号这样的机器人送到那颗星球上的各处。

很难对将宇航员送到火星的成本进行可靠的估计，但是我听过的预算没有少于数千亿美元的。将"勇气"号和"机遇"号送到火星的花费不到 10 亿美元。对火星的无人探索，不仅在科学上更有用，也会衍生出更有价值的可以应用在地球上的技术，比如机器人和可以独立应对未知障碍的电脑程序。

载人航天项目唯一非常实用的技术就是保证人在太空中存活，而唯一需要这一技术的就只有载人航天项目。

16 大科学的危机

　　世界科学节是一个受人欢迎的盛大科学聚会，创立者是布莱尔·格林和特雷西·戴。每年春天，这一节日都会为纽约人提供各种各样的小组讨论和简短的流行话题演讲。2011 年，这一节日决定每年开展一系列较长的科学家讲座，标题是"在巨人的肩膀上"。我被邀请为这个系列做开场演讲。我同意了，因为我想讨论已经困扰我一段时间的一些事情：美国政府对大科学的支持力度正在减弱。这里的大科学指大的科学项目，比如实验物理学和观测天文学中的那些。我于 2011 年 6 月 4 日在世界科学节做了一次讲座，随后于 2012 年 1 月 9 日在美国天文学会于奥斯汀举办的全体会议上重复了这一讲话。在演讲的最后，我超过了科学政策的范围，呼吁在需要的各种公众服务上增加支出。

下面的文章以这次讲话为基础，于 2012 年 5 月 10 日发表在《纽约书评》上，并且在《最佳美国科学与自然写作》（纽约：哈珀柯林斯出版社，2012）上再次发表。《纽约书评》配了一张非常好的图来展示今日的大科学与过去的小科学之间的对比，左半图是巨型深坑，是为后来被取消的超导超级对撞机挖掘的；右半图是欧内斯特·卢瑟福的照片，他手中拿着他的实验仪器，就是用这些仪器，他首次分解了一个原子核。

2011 年，物理学家们庆祝了原子核发现 100 周年。1911 年，在欧内斯特·卢瑟福位于曼彻斯特的实验室里，镭衰变释放出的一束带电粒子被射向了一片薄薄的金箔。人们当时普遍认为原子的大部分质量是平均分布的，就像布丁一样。如果是那样的话，镭发射的重带电粒子应该会穿过金箔，而且方向几乎不偏转。但是让卢瑟福吃惊的是，有些带电粒子直接从金箔上弹了回来，这表明它们被金原子中一些很小但很重的东西排斥。卢瑟福认为这是原子的核，电子绕着核像行星绕着太阳一样转动。

这是伟大的科学，但并不是所谓的大科学。卢瑟福的实验团队包括一个博士后和一个本科生。他们的工作仅仅从伦敦皇家学会得到了 70 英镑的资金支持。实验中用到的最昂贵的东西是镭样品，但是卢瑟福并不需要为此付钱——镭是从奥地利科学协会借来的。

核物理学迅速发展壮大了。在卢瑟福的实验中，镭发射的带电粒子没有足够的能量穿透金原子核的电斥力进入核本身。为了进入核内并了解核是什么，物理学家们在 20 世纪 30 年代发明了回旋加速器和其他可以将带电粒子加速到更高能量的设备。布鲁克海文国家实验室的前负责人、已故的莫里斯·戈德哈伯，曾经深情缅怀："第一个分解原子核的人是卢瑟福，在一张照片里，他把自己的实验仪器放在自己的腿上。我总是记起一张后来的照片，一个著名的回旋加速器在伯克利落成时，所有人都坐在加速器上。"

二战后，加速器的建设重新开始了，但是现在有了一个新的目的。物理学家在观测宇宙射线时发现了几种新的基本粒子，不同于普通原子中的那些。为了研究这种新物质，有必要人工大量制造这些粒子。为此，物理学家必须将成束的普通粒子，如质子（氢原子的核），加速到更高的能量，这样当质子撞击到静止目标上的原子时，它们的能量可能转化为新型粒子的质量。这并不是为了创造最高能量加速器的纪录，甚至也不是为了收集越来越多的怪异类型的粒子（像兰花那样）。建造这些加速器的目的在于，通过创造新类型的物质，了解支配一切形式物质的自然法则。尽管很多物理学家更喜欢卢瑟福那种风格的小型实验，但是发现的逻辑迫使物理学变得更大。

1959 年，我作为博士后加入了伯克利大学的辐射实验室。当时伯克利大学拥有世界上最强大的加速器——贝伐特朗质子加速器，它占据了校园中一座小山上的一座大型建筑。建设贝伐特朗是为了将质子加速到足够高的能量来产生反质子。并不令人吃惊的是，反质子确实被制造了出来。但是令所有人惊奇的是，数百种新的高度不稳定的粒子也被制造了出来。如此之多的新型粒子，以至不太可能都是基本粒子。我们甚至开始怀疑自己是否知道基本粒子是什么意思。一切都令人困惑，又令人兴奋。

在贝伐特朗工作了 10 年后，已经很明显，需要新一代更高能量的加速器才能理解这些发现。这些新的加速器太大了，不能放进伯克利分校山上的实验室。其中很多甚至因为太大，不能由一所大学单独管理。但是如果这对于伯克利分校来说是一场危机的话，对物理学来说并不是。人们在各处建造了新的加速器，比如在芝加哥郊外的费米实验室、日内瓦附近的 CERN，以及美国和欧洲的其他实验室等。它们都太大了，不能放进建筑里，而变成了地标。费米实验室新的加速器周长有 4 英里，并且有一群野牛与之为伴，这群野牛就在修复的伊利诺伊大草原上吃草。

到 20 世纪 70 年代中期，实验学家在这些实验室的工作，以及理论学家通过收集到的数据进行的工作，已经帮助我们形成了一个全面的并且已得到很好验证的粒子与力的理论，即标准模型。这一理论中，有数种不同的基本粒子。有强相互作用的夸克，组成了原子核内的质子、中子以及 20 世纪五六十年代发现的大部分新粒子。有更多弱相互作用粒子，叫作轻子，其中的典型例子是电子。还有一些粒子，它们在夸克和轻子之间的交换产生了各种力。这些传递力的粒子包括光子（光的粒子），负责电磁力；紧密联系的 W 粒子和 Z 粒子，负责弱核力（允许一种夸克或轻子变成另一种）；以及无质量的胶子，负责强核力（将质子和中子内部的夸克保持在一起）。

尽管标准模型很成功，但很明显，它并不是故事的结局。一方面，这一理论中夸克的质量和轻子的质量目前为止只能从实验中获得，而不能从某种基本原理推导出。我们盯着这些质量列表已经数十年了，感觉我们应该理解它们了，但是仍然完全不理解。就好像我们一直努力阅读的是一种用外语，比如线性文字 A 写下的铭文。况且，标准模型没能包括一些非常有趣的事，比如万有引力以及暗物质，天文学家告诉我们，暗物质组成了宇宙中所有物质的 5/6。

所以现在，我们正在等待 CERN 的一个新加速器的结果，我们希望这个加速器可以让我们超越标准模型再向前进一步。这个加速器就是 LHC。它是一个周长 17 英里的地下环状设施，跨越了瑞士和法国边境。在其中，两束质子被朝着相反的方向加速，每一束中的质子能量最终达到 7TeV，即质子静止能量的 7 500 倍。这些束在环周围的几个观测站里进行碰撞，这些观测站里有和二战时的巡洋舰一样重的探测器去分析碰撞中产生的各种粒子。

人们长久期待的一些事物有待在 LHC 被发现。标准模型中将弱核力与电磁力统一的那部分理论，是基于这两种力之间的一种精确的对称性，于 1967—1968 年被提出。[1] 传导弱核力的 W 粒子和 Z 粒子，以及传导电磁力的光子都作为无质量粒子出现在理论的方程中。尽管光子确实无质量，W 粒子和 Z 粒子实际上却很重。因此，有必要假设电磁力与弱相互作用之间的这一对称性是"破缺"的，也就是尽管这种对称性在理论方程中是精确存在的，但在观测到的粒子和力中却并不明显。

关于电弱对称是如何破缺的，最初的而且也仍然是最简单的理论，是在 1967—1968 年提出的。这一理论涉及充斥宇宙的 4 种新的场。其中一个场的一束能量会在自然界中表现为一种重而不稳定的电中性粒子，叫作

---

[1] 本书第 11 和第 12 篇文章对此进行了更详细的探讨。

希格斯玻色子。[1] 1967—1968 年的电弱理论预言了希格斯玻色子除质量以外的所有性质。但是目前为止，还没有观测到这种粒子。这就是为什么 LHC 在寻找希格斯玻色子——如果找到了，它会证实电弱理论最简单的版本。2011 年 12 月，两个研究小组报告称希格斯玻色子已经在 LHC 中被创造出来，其质量是质子质量的 133 倍。并且在那之后，通过分析费米实验室更早的数据，也表明存在这一质量的希格斯玻色子。2012 年年底之前，我们会知道是否真的发现了希格斯玻色子。[2]

---

[1] 弗兰克·克洛斯在他最近的著作《无穷大谜题》中指出，我犯的一个错误需要为"希格斯玻色子"这一名字负部分责任。在我 1968 年关于弱力与电磁力统一的文章中，我引用了彼得·希格斯以及其他两组理论学家的工作。他们都研究了力传导粒子普遍理论中对称破缺的数学结果，尽管他们并没有将它应用于弱力和电磁力。对称破缺理论的一个典型结果是出现了新的粒子，就像一种残屑一样。我在 1967 的文章中预言了这一普遍类别的粒子中的一种特定的粒子，这就是 LHC 现在正在寻找的希格斯玻色子。至于我要为"希格斯玻色子"的名字负责，是因为我错读了这三篇文献的日期。我以为其中最早的是希格斯写的文章，所以我在 1968 年的文章中首先引用了希格斯的文章，并且之后都如此。其他物理学家们看起来沿袭了我的做法。但是克洛斯指出，我引用的三篇文章中，最早的是罗伯特·布劳特和弗朗索瓦·恩格勒的文章。为了减轻我的错误，我应该指出，希格斯和布劳特及恩格勒的工作是独立进行而且几乎同时的，第三组（杰拉尔德·古拉尔尼克、C. R. 海根和托马斯·基布尔）也是一样。但是"希格斯玻色子"这个名字，似乎已经根深蒂固了。

[2] 希格斯玻色子在 2012 年被发现了，本书第 13 篇文章对此进行了讨论。

希格斯玻色子的发现，将是对现有理论令人满意的证实，但是它不会为更全面的未来理论指明道路。我们希望，在 LHC 的最激动人心的发现，就像在贝伐特朗一样，能带给我们一些惊喜。不论它是什么，很难看出它如何将我们一直带领到一个最终的、包含万有引力的理论。所以在下一个 10 年，物理学家们大概会请政府支持那个时候我们认为需要的某个新加速器。

那将会是一个非常难推进的项目。我的悲观部分源于我在 20 世纪八九十年代为另一座大型加速器争取资金的经历。

20 世纪 80 年代早期，美国开始计划建造 SSC（超导超级对撞机），它会将质子加速到 20TeV，是 LHC 所能达到的最高能量的 3 倍。经过 10 年的工作，设计完成了，地址选在了得克萨斯州，地买了下来，并且开始建设隧道和使质子转向的磁铁。

然后在 1992 年，众议院取消了对 SSC 的资金支持，随后两院协商委员会决定恢复资金支持。但是第二年事情重演了，而这次众议院没有听协商委员会的。在花费了近 20 亿美元、数千人一年的工时之后，SSC "死"掉了。

"杀死"SSC 的是超支，但这并不属实。甚至有媒体中伤说，拨款也被用于购买行政大厅中的盆栽。预算确实增长了，但是原因之一在于，国会年年都没有按计划提供充足资金。这推迟了完工时间，因此需要的支出也就增加了。即便如此，SSC 还是战胜了所有技术挑战，并且花费与 LHC 不相上下，甚至建设时间比 LHC 早了 10 年。

SSC 的支出是 1992 年新当选的国会议员的靶子。他们热切地想要表明，他们能够切下他们眼中的得克萨斯州的肥肉，并且他们也没觉得这有多么事关重大。冷战已经结束了，SSC 的发现不会产生任何有实际价值的东西。物理学家们可以指出高能物理的技术衍生品，从回旋辐射到互联网。在促进发明方面，大科学等效于技术的战争，但是它不会杀死任何人。但也没有人能预先承诺会有什么衍生品。

真正激励基本粒子物理学家的，是对世界秩序的一种感觉：他们相信，世界是由简单而普适的法则支配的，我们可以发现这一法则，但并不是每个人都认识到了其重要性。在关于 SSC 的论战期间，我和一位持反对意见的国会议员一起上了拉里·金的广播节目。这位议员说他并不反对把钱花在科学上，但我们必须设置优先级。我解释道SSC将会帮助我们了解自然规律，我问这是否值得高优先级。我清楚地记得他的回答。回答是"不"。

真正激励立法议员们的，是他们选民的直接经济利益。大的实验室会为其附近社区带来工作和钱，所以它们可以吸引其所在州的立法者的支持，以及来自很多其他国会成员的冷漠或敌意。在选址确定在得克萨斯州之前，一位参议员告诉我，当时有100位参议员支持SSC，但是一旦确定了选址，支持人数会降到2个。他并没有错得太离谱。我们看到了有数位国会成员在自己的州被排除在候选地之外后改变了主意。

另一个使SSC遇到挫折的原因是科学家之间对经费的竞争。在各个领域工作的科学家都会同意SSC将有助于科学工作，但是有些则认为这些钱在其他领域可以发挥更大作用，比如他们自己所在的领域。美国物理学会当选主席是一位固体物理学家，他反对SSC。他认为SSC的经费不如花在其他地方，比如固体物理学方面。我发现，取消SSC所节省下来的经费完全没有去向其他科学领域，这让我很不高兴。

当物理学家向政府争取建设下一个超越LHC的加速

器时，所有这些问题都会重新出现，而且情况会更糟。因为下一个加速器大概会是一个国际合作项目。我们最近看到，一个建设受控热核反应发电实验室的项目ITER，由于法国和日本在实验室选址方面的争执几乎夭折。

在基础物理学中，即使不建设新一代加速器，也有些工作可做。我们可以继续寻找罕见的过程，比如推测出的极慢的质子放射性衰变。在研究中微子的性质方面，也有很多工作可以做。我们还从天文学家那里获得了很多有用的信息。但是，如果不在高能领域的前沿推进，我不认为可以获得重大的进步。所以在接下来的10年里，我们可能看到对自然规律的探寻逐渐停滞，在我们有生之年也不会重新启动。

资金支持在所有科学领域都是问题。过去10年，美国国家科学基金能够支持的资金申请从33%降低到了23%。而大科学又有其特殊问题，不能轻易缩小规模。建一个只有半圈的加速器是没有任何用处的。

天文学的历史与物理学截然不同，但它遇到了很相似的问题。天文学很早就成了大科学，获得了来自政府的大量资金支持，因为它在某些方面非常有用，而物理学直到最近都没有什么用。[1] 在古代世界，天文学被用于地理测量、航海、定时以及制作日历，另外它也以占星术的形式出现，人们以为它可以预测未来。政府建立了研究中心：希腊化时期的亚历山大博物馆；9 世纪巴格达的智慧宫；15 世纪 20 年代乌鲁伯·贝格在撒马尔罕建造的伟大的天文台；1576 年丹麦国王赐予第谷·布拉赫一座岛，供他建设"天堡"；还有英格兰的格林尼治天文台；以及后来的美国海军天文台。

19 世纪，富裕的个人开始为天文学慷慨解囊。第三位罗斯伯爵使用自己家里一架巨大的名叫利维坦的望远镜发现了星云（现在知道是星系）具有旋臂。在美国，天文台和望远镜以捐赠者的名字命名，比如利克、耶克斯和胡克，以及最近的凯克、霍比和埃伯利。

但现在，天文学面临的任务超出了个人资源的范围。为了避免地球大气引起的图像模糊，也为了观测不能穿透大气层的辐射，我们不得不将天文台送到太空。通过卫星天文台（比如宇宙微波背景辐射探测器、哈勃太空望远镜，以及 WMAP 等）与高级地基天文台的协同观测，宇宙学

---

[1] 我在本书的第 1 篇文章中对此写了更多。

有了革命性的发展。我们现在知道，大爆炸的当前阶段开始于137亿年前。我们也有了很好的证据可以证明，在那之前有一个指数级扩张的阶段，被称为暴胀。

但是，就像基本粒子物理学停滞了数十年一样，宇宙学也面临停滞的危险。1998年人们发现宇宙正在加速膨胀，这可以用各种理论解释，但我们没有能指向正确理论的观测结果。早期宇宙残留微波辐射的观测证实了关于早期暴胀阶段的普遍看法，但是对于暴胀涉及的物理过程没有给出详细的信息。我们将需要新的卫星观测站，但是它们会得到资金支持吗？

计划作为哈勃望远镜后继者的詹姆斯·韦伯望远镜，其经历令人不安地回想起SSC。在奥巴马政府2011年要求的财政预算水平下，这一项目将会继续，但这点钱不够支持它被发射进入轨道。2012年7月，众议院拨款委员会投票决定完全取消韦伯望远镜。有人抱怨说支出增加了，但是就像SSC一样，支出增加的一大原因是项目年复一年得不到足够的资金支持。[1] 最近，对于这一望远镜的经

---

[1] 我应该说明，并非每个人都同意这一判断。我的文章发表后，我从一位老朋友——著名实验物理学家伯顿·里克特那里收到一条消息。他说他喜欢我文章的开头和结尾部分，但是严重不同意我关于SSC支出增加原因的表述。

费支持恢复了，但是前景不容乐观。这一项目已经被排除在 NASA 的科学计划指挥中心的计划之外。韦伯项目的技术表现非常优异，而且已经花费了数十亿美元。SSC 也是如此，却并没有让它免于被取消的命运。

同时，在过去几年里，NASA 对天体物理学的资金支持减少了。2010 年，美国国家研究理事会进行了一项关于天文学在下一个 10 年发展机遇的调查，为新的太空天文台设定优先级。优先级最高的是 WFIRST，一个红外巡天望远镜；下一个是"探索者"，一个中等大小天文台项目，规模类似 WMAP；然后是 LISA，一座引力波天文台；最后是一个国际 X 射线天文台。但是预算中没有任何资金用于这些项目。

欧洲正在填补大科学领域的一些空白，比如 LHC 以及新的卫星微波天文台普朗克。但是欧洲的财政问题比美国还严重，而且欧盟委员会正在考虑将大型科学项目从欧盟的财政预算中移除。

在美国，太空天文学有一个特殊的问题。NASA 是负责这一工作的政府部门，却一直将更多的资源用于载人航天，这对科学几乎没什么贡献。近年来，所有对天文学做出巨大贡献的天文台都是无人的。国际空间站在一定程度上可以算作科学实验室，却没做出任何重要贡献。2011年，宇宙射线天文台阿尔法磁谱仪被送到了国际空间站（在 NASA 想要将它从宇宙飞船的时间表中移除之后），国际空间站第一次可能要做点真正重要的科学研究了，但宇航员对于它的运行不起任何作用，而且如果将它作为无人卫星来开发，会便宜得多。

国际空间站在 SSC 的取消中发挥了作用。1993 年，这两项提案在国会进行了关键的表决。因为国际空间站的管理地点将设在休斯敦，两者都被看作得克萨斯州的项目。1993 年，克林顿政府许诺支持 SSC 之后，又决定只能支持一个得克萨斯州的大型技术项目，并选择了空间站。国会议员们对两者的区别并不清楚。在众议院委员会的一次听证会上，我听到一位国会议员说他能看出国际空间站会如何帮助我们了解宇宙，但不能理解 SSC。我当时真想哭出来。空间站的巨大优势是它需要花费 10 倍于 SSC 的资金，所以 NASA 可以将开发它的合同分散到很多州。如果 SSC 耗资更多的话，它也许就不会被取消了。

大科学需要竞争政府的资金，对手不仅包括载人航天项目，还有各种真正的科学项目，以及很多我们需要政府做的其他事情。我们在教育上的投入不够，不能让教师这一职业吸引我们最好的大学毕业生。我们的铁路客运线和网络服务，与欧洲和东亚比，相形见绌。我们没有足够的专利审查员来处理新专利的申请，结果是无休止的拖延。我们的一些监狱过度拥挤，而且管理人员不足，这意味着残忍和罕见的惩罚。我们缺少法官，导致民事诉讼要等上数年才能被庭审。美国证券交易委员会工作人员不足，应付不来它需要监管的公司。没有足够的药物戒断康复中心来治疗希望被治愈的瘾君子。我们的警察和消防员的数量比"9·11"事件之前少。很多美国人没有得到足够的医疗保障，等等。实际上，在当前的国会，政府的很多其他职责受到了比科学更恶劣的对待。如果目前的立法要求非军事支出再降低8%的话，所有这些问题都会变得更严重。

我们最好不要通过攻击其他需求来捍卫科学。我们可能会输，而且也应当输。数年以前，我与一位得克萨斯州众议院拨款委员会的成员共进晚餐。当她滔滔不绝地谈到我们需要在得克萨斯州的高等教育上增加支出时，我深受感动。哪位州立大学的教授不希望听到这些话呢？我天真地问她希望钱从哪里来。她回答道："不，我不希望加税。

我们可以占用健康保险方面的拨款。"这不是我们应该做的事情。

对我来说，真正需要的似乎不是为某一项或者另一项公众福利做更多的辩护，而是希望所有关心这些事情的人团结起来，恢复更高而且更激进的税率，尤其是对于投资收入。我不是经济学家，但我和经济学家谈过，并了解到政府花的每一美元都比减税更能刺激经济。要说我们不能负担政府支出的增长，完全是谬论。但是，由于现在反税收狂热已经攫取了公众的注意力，这样的看法是政治毒药。这才是真正的危机，而且不仅是对于科学来说。

17　自由派的失望

　　2012 年秋,《纽约书评》发行了一期"竞选特刊",主要内容是针对即将进行的奥巴马和罗姆尼之间的总统竞选进行评论。大部分供稿人是资深国家政治评论家,包括伊丽莎白·德鲁、罗纳德·德沃金、卡斯·桑斯坦,以及加里·威尔斯。意料之中的是,他们的评论的主要导向是支持奥巴马总统连任。我是一个例外:我是唯一供稿的科学家,并且尽管我在 2008 年为奥巴马投了一票,但从自由派的角度来看,我对他的任期已经不再那么热情。

　　现在我们正在组建新一届政府,奥巴马总统可能比他在 2012 年时看起来好一些。这里完全不是评价他作为总统执政的好坏。我只是表达一下我的意见，如果奥巴马认真对待了不平等的问题，尤其是支持了劳工团体的诉求，那么即使他没能得到国会支持，他也举起了一面大旗，让自由主义者和劳动者可以团结起来，我们可能也就不需要忍受特朗普执政了。[1]

2009 年 1 月 6 日，第 111 届国会开幕的第一天，也就是奥巴马宣誓就职两周之前，他的总统生涯开始走下坡路。那一天，参议院的规则本可以通过简单的多数票改变，让共和党参议员不能通过阻挠议事来干扰自由派的事务。当然，候任总统或总统无权改变参议院的规则，但这位候任总统有足够的手段可以向参议员们施压。例如，他本可以与参议院多数党领袖、内华达州的哈里·里德就尤卡山的核废料处置设施能否获得政府的行政支持进行对质，这一设施最大的缺点是在内华达州不受欢迎。唉，奥巴马证明了自己绝非林登·约翰逊。

---

[1] 本文写于 2017 年。——编者注

尽管未来两年民主党将在参众两院都占据多数席位，但共和党在参议院阻挠议事的能力意味着，要想通过任何立法或批准任何任命，都需要两党达成妥协。可能奥巴马总统本来也会欣然接受这类妥协。但在1月6日之后，针锋相对就是不可避免的了。所以我们有一个基于昂贵私人保险的医疗保健计划，甚至没有公共的选项；我们有些州和地方政府被迫解雇教师、警察和其他雇员，这些人构成了目前失业人数中最大的一部分；我们在行政部门有监管机构，它们仍然被它们应该监管的行业控制；工会的地位持续下降；我们没有通过大量必要的公共支出计划来弥补有效消费需求的不足；我们正在撤回对科学研究的支持；我们的收入不平等正在加剧；等等。

　　即使面对妥协的必要性，奥巴马总统仍可以宣布一个真正自由的经济计划，当计划被国会否决或削弱后，他在2010年和2012年可以像杜鲁门在1948年那样，呼吁组成一个可以通过他的计划的国会。由于没有这样做，他现在面临着前支持者们普遍的冷漠也就不足为奇了。

　　在外交事务上，政府之外的任何人都很难判断可以做些什么或应该怎么做，但至少可以评判奥巴马政府的实际成就。他们的表现令人失望。伊朗在发展核武器的路上已经跨过了一个又一个关口。我们在伊拉克的影响力已经衰减到允许伊朗飞越伊拉克向叙利亚阿萨德政府提供武器的地步。我们在阿富汗浪费了生命和资源。在国际上，限制温室气体排放方面没有取得任何进展。我们似乎已经放弃了大幅度削减俄罗斯和美国核武库的想法，让这相对人类文明虽小但不可忽视的威胁年复一年地存在。

我相信罗姆尼政府在国内事务上的表现将比奥巴马政府差得多——不仅是经济，而且包括移民、妇女权利、司法任命以及军备控制，我也并不相信罗姆尼在中东问题上将做得更好。因此，如果我生活在像俄亥俄州或佛罗里达州这样的摇摆州，我肯定会咽下我的失望，把票投给奥巴马。无论如何，我不会让对奥巴马的失望阻止我投票给真正的自由派国会候选人，比如伊丽莎白·沃伦。

碰巧的是，我生活在一个强烈支持共和党的州。由于选举团制度的出色运作，我对总统选举的投票可能不会产生任何影响。因此，我将奢侈地允许自己表达对奥巴马的失望之情，我会把票投给民主党候选人，只是不会投给任何一位总统候选人。

18 让漏洞继续敞开

　　2012 年 11 月 23 日，我读到《纽约时报》上的一篇文章，题为"寻求不改变税率的加税方法"。文章描写了某些国会议员扭转财政危局的努力，办法是取消联邦所得税中的各种抵扣，但保持税率不变。这一新闻令我担心。通过允许如慈善捐款、地税和州税这类事务抵扣赋税，联邦政府是在行使其税收权力来支持很多有助于文化生活的事务，但又不使用中央控制的重手——我认为这是美国社会最大的优势之一，而现在这一优势受到了威胁。在我看来，在国会中呼吁减少这些抵扣尤为恶劣，因为它根本没有触及最大的漏洞——对投资收入区别对待。当然，作为科学家、教授，以及戏剧和音乐会的狂热爱好者，我在这方面是存在相关利益的。但我希望有其他爱好（从去教堂到观鸟）的美国人都来关心这件事。为了捍卫所有这些好事，我做了一点自己的贡献，将下面的文章交给了奥斯汀当地报纸《美国政治家报》。2012 年 12 月 20 日，这篇文章在其专栏版发表。又因为一些似是而非的宣传把封堵漏洞说成了一种简化个人纳税申报单的方法，所以在我的要求下，我在与文章一起发表的简短个人介绍中提到了我的纳税申报单是自己准备的。

面对即将到来的财政悬崖引发的恐慌，保守主义者建议增加税收，但不是通过提高富人的税率，而是通过堵住或者弥补某些漏洞，比如慈善捐款和州税的抵扣。这是不诚实的——堵住这类漏洞带来的税收远远比不上恢复对大额收入的高税率带来的税收。如果比得上，共和党国会议员就不会提出这一建议了。但除了算术之外，要让某些漏洞继续敞开还有其他有力的原因。

取消或限制慈善捐款抵税，会威胁到美国生活中一个独特而珍贵的特征，即我们各种机构的独立性。举一个类似我这样的大学教授尤其感兴趣的例子，我们大部分顶尖大学在很大程度上都是由个人慈善捐款创建和支持的。即使是大型州立大学系统，比如加利福尼亚州和得克萨斯州的公立大学，也严重依赖个人捐赠，而且如果没有来自私立大学的教职人员和学生的竞争压力，州立大学也不会达到现在的水平。

无论私立还是公立，这些大学在保持我们经济的创新性和培养人才方面起到了关键作用，并且是其他国家羡慕的对象。类似地，我们的博物馆、交响乐团、医院和天文台也都主要由私人捐赠支持，我们的教堂更是如此。

然而，对于这些捐款的很大一部分支持间接来自美国政府——具体说来，是来自慈善捐款在联邦税上的无限抵扣。我们在美国找到了一个令人满意的机制，不需要政府控制的重手，就可以允许公众支持教育、艺术、医疗、科学与宗教组织。我们应当珍视这一机制，尤其是保守人士。但这一机制现在面临消失的风险，因为人们没考虑好就急匆匆地要堵住漏洞。

有人可能会说，抵税并不是鼓励慈善捐赠的重要因素。这一理由出自经济保守派之口非常奇怪，毕竟这些人宣称只有高额的现金回报才会刺激投资或者创新。

另一个不应该被堵住的漏洞是州所得税的抵扣（或者在某些州，用销售税代替）。我们的各个州为了争夺私人投资而使用低税率，常常以重要的公共服务（包括高等教育）为代价。在联邦税上减免州税有助于使州税更容易被接受，从而将联邦资金输送到各个州，而不使这些州受制于联邦。

我们确实需要提高税收，来促进教育、健康、基础设施、基础研究，及很多其他方面的发展。但我们不应该减少抵扣，而应该恢复针对大额收入的高税率。对公司来说也有漏洞要堵，比如石油业的特殊待遇。对于个体纳税人，应该堵住的一个漏洞是对投资收入的特殊对待，这扭曲了消费与投资之间的平衡，这一平衡应该（至少根据保守主义经济哲学所说）由自由市场的力量决定。

保守主义者反对增加高收入阶层税收及投资收入税收，认为这是对"就业制造者"的打击。但是在当前的经济状况下，消费者才是真正制造就业的人。公司现金充裕，还能以低税率向银行借更多资金，它们不雇用更多工人的原因是消费者没有钱买即将制造出来的产品。

　　封堵漏洞似乎是一个吸引人的好主意，但是并非所有的漏洞都应该被堵住。而且，把该堵的漏洞封好也不能取代重建一个公平与进步的税收系统。

19　反对载人航天

　　2013 年,《空间政策》杂志庆祝其创刊 30 周年,并决定发行一期刊登人们对载人航天的价值的种种看法的特刊。我已经在数篇文章(包括本书第 15 篇文章)中表示反对政府在载人航天项目上的开支。大概因为这几篇文章,我受到邀请,为《空间政策》的这一特刊供稿。我并不太想重复自己的观点,但《空间政策》的主编为了让我了解他们想要什么样的稿件,给我发来一篇罗伯特·罗维托的文章。他的文章悉数列举了关于载人航天的常见观点,因此给我提供了一个机会解释为什么我不能同意,让我不再感觉自己是在白费口舌。我的文章于 2013 年 11 月发表在

《空间政策》上。

罗伯特·罗维托很出色地收集了人们为载人航天项目提出的各种论据。我会一个一个看，并解释我为什么觉得它们都不可信。

1. 科学

有人认为，"扩展了人类知识边界的科学发现（原文如此）既是人类太空探索的焦点，也是其益处"。的确，基于太空的天文观测大大增进了我们对于宇宙的了解。COBE、WMAP 以及普朗克射电天文台研究了宇宙微波背景上小的扰动，让我们获得了关于宇宙大爆炸最初 38 万年物理过程的详细信息。这些波动标记的种子，最终成为现在宇宙中的星系。哈勃望远镜与地基天文台的联合观测，揭示出宇宙的膨胀正在加速，原因大概是空间中固有的暗能量。其他太空天文台对 X 射线、伽马射线和带电粒子的天文学来源进行了历史性的研究，开普勒天文台发现了在遥远恒星旁绕转的数以千计的行星。

所有出色的工作，除了哈勃维修任务这个唯一例外，全都不涉及进入太空的人类。这样的维修任务大概也不会再次出现。更新的天文台，比如 WMAP 和普朗克，都被放在 L2 点，这一点距离地球 100 万英里远，是人类现在无法抵达的，到那里执行维修任务恐怕也是得不偿失。计划中的詹姆斯·韦伯太空望远镜也将位于 L2 点。

所以，载人航天对于科学的贡献是什么呢？罗维托能指出的只有对微重力环境影响的研究。人们常引用这些研究来为国际空间站的巨额耗资做辩护，但我还没有听说它们表现出了任何科学上的重要性。无论如何，还有一点，如果微重力研究有任何价值的话，它们也可以在无人卫星上进行，那样耗资更少，而且恐怕效果更好。

必须有人类参与的唯一一种微重力研究是微重力对人的影响。在我看来，这一研究只有在附属于载人航天项目时才有唯一的重要价值。但如果载人航天本身没有任何其他值得追求的理由，这一理由也就消失了。

2. 国际合作

有人认为，"太空探索支持了全球范围的合作"。载人航天涉及的国际合作确实令人满意，但很多其他科技项目同样如此。日内瓦附近的 CERN 实验室是欧洲的第一次协同努力，并且现在由 20 个不同的欧洲国家管理，许多其他国家的物理学家积极参与，尤其是美国物理学家。建设在智利、夏威夷和加那利群岛的大型望远镜，主要是由国际性资金组织建设和运营的。还有很多其他例子。载人航天的特殊之处并不在于它为国际合作提供了一个机会，而在于它是毫无恰当理由的合作。

3. 探索

有人认为，"仅仅因为我们可以，仅仅因为它在那里，登上顶峰，或者潜向未知的深度（或者一般的探索）就是有意义的和积极的"。的确有人勇攀高峰，但是他们通常不会指望政府资助，而且肯定花不了数十亿美元。在可预见的未来，人类中只有极小一部分可能进入太空（甚至并非所有宇航员项目中的人都能够升空），所以公众为什么要为他们的狂喜付账呢？如果是为了获得新知识的狂喜，从类似到达火星的"勇气"号和"机遇"号这样的机器人探测器，以及从哈勃望远镜发来的天文图片中，公众可以获得的更多。

4. 激励

有人认为，载人航天"提供了一种求知欲的来源"，而"消除这种想象力的来源——载人航天——就是剥夺了现在和未来几代人取得伟大成就的潜能"。作为一个从业很久的物理学家，我遇到过很多刚刚开始职业生涯的年轻物理学家，但是我从没遇到过哪位是因为对载人航天充满激情而步入物理学界的。大部分是因为阅读真正的科学而受到触动。尽管我无法证明，但我怀疑大部分科学家都是如此。载人航天是一种可观赏的运动，对于观众来说大概是激动人心的，但这种激动并不是会带来任何严肃结果的那种激动。

5. 衍生品

有人认为，"技术进步及其公共衍生品，比如人工心脏及其他针对地面需求的应用，可能是载人航天项目最实在的益处"。任何大型技术项目都可能产生一些有用的新技术。我们在基本粒子物理领域看到过这类例子：互联网是在 CERN 被发明出来的，为了让实验物理学家可以分享大量数据；同步辐射本来是基本粒子加速器的一种无利的副产品，现在被广泛用于材料研究。但是，如果我想要选择一个在产生有用的新技术方面最低效的技术项目的话，我会选择载人航天项目。载人航天的巨大技术挑战是让人在太空中存活，这一目标在地球上毫无价值。相反，无人太空探索对机器人和计算机编程的要求极高，明显具有在地面应用的价值。

6. 人类生存

有人认为，"与载人航天最相关的长期原因是人类物种的延续"。我同意这一点，不过那是遥远的未来。为了让人类在全球大灾难时获得存活的机会，比如大型流星撞击或者一次全面核战争，一个地外殖民点需要永久性地自给自足。这一殖民点必须拥有为自己更换设备的工业能力——比如太阳能板、空气合成、采水、溶液栽培等，以防设备损耗。我们甚至还没有能力在南极建设一个永久的自给自足的居民点，而南极的环境比火星或者小行星的环境要温和得多。这才是真正的挑战：不是将人送上火星，而是让他们不再需要地球的支持。也许我们应该从南极开始。

20 怀疑论者和科学家

　　2017 年 6 月 16 日，在洛克菲勒大学一年一度的学位授予仪式上，我是 4 位获得荣誉博士学位的科学家之一。我们 4 个人都被要求在获得学位后做简短发言，"每人 5 分钟"。我觉得这是一个很好的可以对广泛传播的怀疑主义进行还击的机会，我认为正是这种怀疑主义助长了当前美国的行政政策。我的讲话如下文，之前没有发表过。

　　来到洛克菲勒大学，并听取你们的博士毕业生的研究工作，令人想起科学在我们这个时代取得的重大进步。然而现在，2017 年，科学的公共地位却低到了我前所未见的程度。2017 年 5 月，总统宣布了 2018 财年的财政预算，将基础与应用研究的联邦预算降低了 17%，占 GDP 的比重降至 50 多年来的最低。国会可能会恢复一些资金支持——甚至国会委员会中反对税收的主席也可能会保护其管辖下的机构，但这仅仅是希望。

这不仅是资金的问题。白宫科学与技术政策办公室仍然不起作用，主任位置空缺。更糟的是，人们对科学研究结果的不信任到了前所未有的程度。总统有一句关于气候变化的名言："其中很多都是骗局。它是骗局。"并且他任命的环境保护司司长否认人类活动是造成全球变暖的主要原因，还忙于将他的科学顾问团队中一半的科学家换成行业高管。在华盛顿以外，印第安纳州、艾奥瓦州、爱达荷州、亚拉巴马州、俄克拉荷马州和佛罗里达州的州立法机构，以及很多学校董事会努力要在公立学校中将神创论作为现代进化论的另一种可能理论进行教授。（我很高兴地告诉大家，这一努力在得克萨斯州已经失败。）

当然，并非所有怀疑主义都是诚实或公正的。很多气候变化的怀疑论者有经济利益或者政治利益牵涉其中，并且很多怀疑进化论者服务于宗教目的。但我认为，人们对科学权威性有一种虚假而天真的想象，助长了怀疑主义。

人们设想有一个既成的科学共同体，它压制不同意见，并且只有在跟相反的证据斗争多年之后才会改变其教条。

在某种程度上，你会发现这一观点得到了某些哲学家和科学史家的支持，包括对科学进步持怀疑观点的托马斯·库恩，以及那些描述过去的科学时宁愿忽视当前知识的史学家们，他们宁愿相信在科学理解上没有进步，而只有风尚或习惯。但我必须承认，我并没有看到这对国会，或者现在的政府有多大影响。

更有影响力的可能是那种流行的科学史，描述勇敢的怀疑者怎样推翻一个僵化的科学共同体。我会用一个小故事来说明这一点。20世纪早期，物理学家出身的杰出哲学家恩斯特·马赫，与国际物理学界起了争执。有一个理论是学界普遍接受的，他否认这一理论，并宣称它并未被证实具有宗教教条的特点。基于流行历史，你可能会猜测这位勇敢的哲学家最终会被证明是正确的。那你就错了。他攻击的理论是原子理论，即所有普通物质皆由原子组成，而且这一学说当然是正确的。

请理解，我并不是说学界永远不会犯错。在我自己的领域，物理学家们对原子核组成的共识直到1932年之前都是错的，对自然法则在左和右之间的完美对称的认识直到 1956 年都是错的，并且直到 1998 年还错误地认为宇宙膨胀在变慢。但是这些错误意见都是暂时性的，并没有成为教条，而且当相反的证据出现时，职业科学家们能够迅速纠正这些共识。他们使用普通的科学方法进行纠正，并不需要外界怀疑者的干预。

学界内部有足够的怀疑。科学理论需要持续经受严格的检验，这只是因为科学家最喜欢将普遍接受的理论证伪。事实并不总是如此，尤其是在医学的历史上，但是很长时间以来这都是真的。

最终，一些理论会变成可靠的知识。有人争论说，要向高中生教授神创论，这样他们才能自己判断哪种关于进化的观点是正确的。这就像是在说要教授他们地球是平的，这样他们才能自己判断关于地球形状的争论中哪一方是正确的。让学生了解到确实存在争议的科学问题会很有用，比如人类何时第一次来到北美洲，或者生命的起源是什么。但是如果将自然选择的进化论作为一种有争议的理论去教授，那只是向学生们撒谎。

将气候变化作为有争议的理论对待就是向公众撒谎。地球无疑在变暖，大气中二氧化碳的增加无疑会导致全球变暖，人类的经济活动也无疑会增加大气中的二氧化碳含量。地球太复杂了，我们不能严格证明未来的经济活动如果不加控制会导致灾难性的未来，但这是有经验的科学家们广泛的共识。不相信科学的判断往往是愚蠢的，而这一次在关乎整个星球的情况下，则是疯狂的。

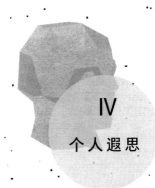

改弦易辙

科学写作

IV

个人遐思

科学的技艺，和艺术的技艺

关于犯错

纽约到奥斯汀，以及返回

21　改弦易辙

2009 年 9 月,《纽约时报》专栏版的一位编辑邀请我和其他几位大学教授一起为即将入学的大一新生提一些建议。我便进入了波洛尼厄斯模式,准备严肃地为新生第一年大学生活提一些忠告。结果非常糟糕。很显然,我并不知道如何向年轻人提建议,年轻人彼此差异甚大,跟我更是大不一样。我的建议也很无聊。我明智的妻子建议我与其给建议,不如缅怀我自己进入大学时的感受。在这方面,我无疑很在行。《纽约时报》对我的文章非常满意,将它收入了 2009 年 9 月 6 日的专栏,同时刊登的还有哈罗德·布鲁姆、詹姆斯·麦格雷戈·伯恩斯、斯坦利·费什、南希·霍普金斯、加里·威尔斯等人给大学新生的建议。编辑们将我的短文命名为"改弦易辙"，大概是为了让它看起来像是我终究提了一点建议吧。

    大一新生应该了解的第一件事就是，大学肯定跟你期待的是不一样的。1950 年夏，我在去康奈尔大学之前，在阿迪朗达克的一家酒店做行李生。一天，我收到了装有康奈尔大学课程表的邮件。对我来说，在为旅客搬运行李的间隙读这张课表，就像是饥肠辘辘的人在读餐馆的菜单一样。我相信，哲学和人文系的课程一定可以让我变得明智。物理系有著名的物理学家教授的课程。数学系开设了希尔伯特空间的课程。谁知道还有不同种类的空间存在呢？

    但结果跟我预想的不太一样。我没有足够的知识，不能参与康奈尔大学激动人心的物理学研究。我学了德语，结果学到的最主要的事情是我没有学习外国语言的天赋。我的哲学课让我困惑重重，为什么柏拉图和笛卡尔那些我认为极其荒唐的想法竟然会影响深远。我也没有变得明智。

    但是我确实毕业了，带着很多美好的回忆，有鼓舞人心的教授们的，有和朋友一起在巍然的古老榆树下散步的，还有在学生中心的音乐室花上好几个小时读书的。我发现自己非常喜欢室内音乐、历史和莎士比亚。我与大学的恋人结婚了。并且，我确实学习了希尔伯特空间。

22 科学写作

2015 年年初，我的书《给世界的答案》在英国出版了。为了给这本书做宣传，出版商说服了伦敦《卫报》邀请我为其周末书评版面写一篇短文，讲一讲面向普通读者的科学写作遇到的困难。这篇文章在 2015 年 4 月 3 日的《卫报》上发表。2017 年，我在曼哈顿亨特学院写作中心的夏季论坛上做演讲时，以这篇文章作为基础。下面是这篇文章的原始版本，为那次演讲做了一些修改，并且去掉了《卫报》未经允许进行的修改。

如果你有机会问问亚里士多德怎么看待为普通读者写物理科学，他可能无法理解你是什么意思。对他来说，任何受过教育的希腊人都可以阅读他写的所有内容，物理、天文或者政治和美学。这并不是证明亚里士多德的写作技巧有多么高超，或者希腊的教育水平有多么高，而是说明了古希腊时期物理科学的原始状态，它尚未有效地使用数学。将专业物理科学传达给受过教育的大众所遇到的障碍，首先是数学。

纯粹数学在亚里士多德时期已经发展得很好，尤其是几何学。但是柏拉图和毕达哥拉斯在科学中对数学的使用还是幼稚的，而亚里士多德几乎没有在科学领域使用数学的兴趣。通过观察到夜空在不同纬度处看起来不同，他敏锐地总结道地球是球形，但是他没有想要（本可以这样做）用这些观测结果来计算地球的大小。

直到公元前322年亚里士多德去世，自然哲学的中心从雅典转移到亚历山大后，物理科学才真正开始从数学中受益。但从希腊化时期的物理学家和天文学家必须使用数学开始，科学家与公众之间的交流遇到了阻碍。浏览现存的阿里斯塔克斯、阿基米德和托勒密的高度数学化的著作时，我有些同情那些读这些书的希腊人和说希腊语的罗马人，他们希望以此了解关于光、流体或者行星的最新发现。

不久之后，被称为"评论家"的作家就开始尝试填补这一空白。讽刺的是，他们作为作家要比职业科学家受欢迎得多，很多时候是他们对科学研究的评论被一次又一次重新抄写，并且能够在古代世界垮掉时流传下来，而研究报告本身却并没有。比如，我们之所以了解到埃拉托色尼在约公元前 200 年测量了地球周长，并不是通过他自己的著作，他的著作已经佚失了，而是通过克莱门德在几个世纪后所写的评论。就像是某个末日之后的未来，学者们通过《科学美国人》或者《新科学家》上面现存的文章了解到牛顿或者爱因斯坦的工作一样。

在西方，当基督教兴起而罗马帝国衰亡之后，数学物理学和天文学的专业在残存的希腊帝国日渐衰落，但在伊斯兰世界幸存下来。这一传承于中世纪晚期在欧洲得到了振兴，又在两个世纪后开普勒、惠更斯以及最重要的牛顿的工作中达到了一个高潮。牛顿的《原理》仍然是物理学史上最重要的著作，但是对于任何读者来说，这本书都晦涩难懂。牛顿自己完全没有尝试将自己的运动和万有引力理论传达给普通读者。因此当伏尔泰使用夏特莱夫人翻译的法文版将这本书解释给法国大众时，他的工作确实很重要。当时的法国大众正陷入笛卡尔的错误中。2006 年，伊恩·麦克尤恩在《卫报》上列举经典科学著作时，正确地将伏尔泰的《哲学通信》包括在内。

随着物理学在牛顿之后变得越来越数学化，将其传达给普通大众变得越来越困难。20 世纪，乔治·伽莫夫和詹姆斯·金斯爵士，以及其他著名的物理学家们，开始试着将相对论和量子力学激动人心的新发展介绍给广大读者，获得了部分成功。当时正处在青少年时期的我，开始对物理学产生浓厚的兴趣，伽莫夫和金斯爵士的书使我深受启发。但这倒不是因为它们讲得很清楚，恰好相反，这些书描绘了一个由反直觉的基本规律支配的世界（伽利略在《试金者》里做了著名的解释），而只有理解数学语言的人才能理解，因为这些定律使用数学语言写成。我记得在他们的一本书中（我想应该是金斯爵士的《神秘的宇宙》），有一段讨论了海森堡的测不准原理，其中提到了方程 $qp-pq=ih/2\pi$。我当时并不知道方程中的符号是什么意思，但是我知道如果 q 和 p 是任何类型的数字的话，q 乘以 p 应该等于 p 乘以 q，所以 qp 减 pq 怎么会不等于零呢？很明显我要学的还有很多，才能掌握这么深刻的东西。

所以在物理写作中，把一切都向普通读者讲得清清楚楚并不总是关键的。重要的是尊重读者，不要给他们错误的印象，以为如果他们不笨就会懂，或者以为晦涩就代表了深刻。在《最初三分钟》的前言里，我解释道："当一位律师面向大众写作时，他假设读者并不了解法国法律或者禁止永久权规则，但是他并不会因此就觉得他们不好，也不会认为自己高他们一等……我将读者想成一位聪明的上年纪的律师，他不会讲我的语言，但是他在做出决定之前仍然期望听到一些可信的论据。"

在《最初三分钟》里，我开始尝试在两个层次上写作。有一个独立的主体文字部分，从不出现方程（好吧，几乎从不）。还有一个技术性的附录，要理解主体文字并不需要阅读这部分。在附录里，我尝试解释高中代数水平能够解释的所有数学细节。后来在《亚原子粒子的发现》以及我最新的书《给世界的答案》中，我都遵循了同样的方法。这些附录一部分是为了我自己，就像青少年时候的我——这部分是我当时希望读到的。

对像我这样工作在一线的科学家来说，面向普通读者写作提供了一个参与争论的机会，这是写作吸引我的一方面原因。科学写作中的辩论风格至少可以追溯到伊斯兰世界的科学的黄金时代。那时，它围绕着科学的价值及其与伊斯兰教的关系。最富成就的伊斯兰天文学家之一，波斯人阿尔·比鲁尼，抱怨伊斯兰极端主义者反对科学的态度；而他所敬仰的医学科学家拉齐则主张，对人类来说，科学家比宗教领袖更有用，而且奇迹只是把戏。作为回应，著名医生阿维森纳则说拉齐应该专注于他理解的领域，比如疖子和粪便。

科学革命时期，欧洲科学家面向公众写作的书籍中也出现了辩论。伽利略在写《对话》时，不仅违反罗马宗教裁判所的规定，在书中争辩静止的是太阳而不是地球，而且他写《对话》时用了意大利语而不是学者的拉丁语，并且几乎没怎么用数学，这样任何有文化的意大利人都能读懂。他的同胞们没有不领情——当教堂宣布查封这本书的时候，它已经售卖一空。

达尔文的《物种起源》几乎是唯一的特例，因为它既是最高水准的专业科学研究报告，同时又是一次隐含的抨击——达尔文说的是"一场冗长的辩论"，抨击的是公众话题，即宗教信仰的问题。他永久性地推翻了几乎所有人认为需要神圣力量干预才能解释动植物生命能力的推测。他的书之所以成为有力的一击，部分原因是它极具可读性。（当然，作为作家的达尔文具有一个优势，那时的生物学还不够先进，并不需要使用数学，所以他并不需要面对将数学想法解释给公众的任务。）

关于科学和宗教的争论一直持续到今天，一边是理查德·道金斯（被麦克尤恩列入经典著作）和萨姆·哈里斯的著作，另一边则是约翰·波金霍恩和弗朗西斯·柯林斯的著作。我对这个问题表达了自己的看法，尤其是在《纽约书评》的几篇文章中，但我从未见过任何人因为我写的东西而改变宗教信仰。我可不是达尔文。

几年前，我开始就另一个问题写很多文章：公众对科学的支持。里根政府曾提议建造一个非常大的基本粒子加速器——SSC。工作开始了，大约投入了10亿美元，但接下去的资金却成了问题。和其他物理学家一起，我被要求向国会委员会、社论委员会和公众会议解释为什么要建造SSC。我发现自己经常要为高能物理的简化目标辩护，即寻找存在于所有解释链的根源的定律，为此我写了一本书——《终极理论之梦》。遗憾的是，对SSC的资金支持在2003年被取消了。尽管我们物理学家没能说服国会让我感到难过，但我至少为我的书被麦克尤恩列入经典著作而感到自豪。

在我的新书《给世界的答案》中，我继续参与辩论。

在宗教问题上，我试图对它与科学之间非常复杂的历史关系给出一个平衡的视野，但读者大概猜得到我站在哪一边。在另一个问题上，我与某些历史学家进行了辩论，他们在判断每个时代的科学工作时，试图只用当时的标准而不是我们自己的，似乎认为科学并不是积累性和进步性的，而科学史可以像时尚的历史一样书写。人们可以既认识到亚里士多德的巨大能量和智慧，同时又观察到他关于如何认识世界的某些观点阻碍了进步。我非常尊重专业的科学史学家，我从他们那里学到了很多，但我的书和某些史学家比起来，不仅对亚里士多德采取了更冷静的观点，对其他一些标志性人物也一样，如德谟克利特、柏拉图、阿维森纳、格罗斯特、培根和笛卡尔。

近几十年来，出现了另一条向公众传播科学思想的渠道。这就是文学。我指的不是自儒勒·凡尔纳开始就在讲述科技应用对人的影响的科幻小说。最近，一些学者对科学工作和科学思想——而不是其应用——对个人的影响产生了兴趣。我首先想到的是汤姆·斯托帕德的一些戏剧和伊恩·麦克尤恩的一些小说，还有一些诗歌，尤其是克莱夫·詹姆斯最近的一首诗《视界》。这些作者做了很多工作，使科学像一些科学家一直希望的那样，变成了我们这个时代文化的一部分。

　　我想，一些科学家之所以从自己的研究中抽出时间为大众写作，这的确是原因之一。比如物理学家肖恩·卡罗尔、大卫·多伊奇、布赖恩·格林、斯蒂芬·霍金、拉里·克劳斯、艾伦·莱特曼和丽莎·蓝道尔，以及生物学家理查德·道金斯、斯蒂芬·杰·古尔德和埃德·威尔逊。他们的写作当然还有其他目的。我记得 E. M. 福斯特说过，他写作是为了赢得他所尊重的人的尊重，也是为了谋生。我不反对谋生，但福斯特的另一个目标对于理论物理学家来说有着特殊的重要性。我们的工作如此抽象，关注与人类事务无关的客观数学规律，因此面向公众写作给了我们一个宝贵的机会，让我们暂时离开理论物理研究的象牙塔，并与外面更广阔的世界接触。

23　关于犯错

　　位于纽约州特洛伊市的伦斯勒理工大学，在1824年建立后的一段时间内，是美国唯一的土木工程大学。比如，为我们的第一条洲际铁路西段设计路线的是这所学校的毕业生西奥多·朱达，监督了布鲁克林桥施工的则是另一位毕业生华盛顿·罗夫林。所以，当我受邀在2016年5月到伦斯勒理工大学接受荣誉博士学位时，我非常高兴。获此荣誉的三个人都要为毕业生及其家人发表简短讲话。我的讲话如下，目前还未发表过。

　　学位授予仪式上的讲话应该赠予毕业生智慧，为他们未来的生活提供帮助。作为一名理论物理学家，我的工作不能在这方面给我什么帮助。我在工作中处理的时间尺度，从短到一个光速前进的粒子还来不及离开原子核就衰变的时间，到大爆炸距今的时间——137亿年。一个像我这样的物理学家，能对担忧着未来几年之内事情的年轻男女们说什么呢？

好吧，有一件事。科学家、工程师和建筑师们在工作中常常会有一段深深启发他们的经历，并不是每个人都能有的。这就是发现自己错了的经历。不只是犯错，而是不容置疑且不可避免地认识到自己错了。

这里有一个例子。我还是研究生的时候，听说两位物理学家李政道和杨振宁的一个研究计划，即自然法则在左和右之间的基本对称性可能只是近似的。我以为这太奇怪了。每个人都知道尽管我们写英文字母和驾驶汽车时区分左右，但是自然法则不会。随后实验表明，放射性衰变中发射的叫作中微子的粒子总是自旋向左，永远不会向右。不需要更多证据，即使对我来说也已经非常明显，我错了。我想建筑师和工程师可能会有类似的体验，比如计算结果不可避免地表明一些聪明想法行不通的时候，或者发生坍塌事故的时候，比如博韦主教堂或者西雅图－塔科马大桥的倒塌。

　　认识到自己在某件事情上错了，是有深刻教育意义的。它可以战胜傲慢，并且让心灵开放，接受新的想法。很多个世纪以来，确定自己正确或者表现为确定自己正确的政治和宗教领袖令世界深受其害，他们还把这种确定的态度传递给了自己的追随者们。这种现象到现在也没有结束，你可以从几乎任何报纸上看到这一点。所以我给毕业生们的建议是，为了整个世界，也为了自己，当你前行并且犯错的时候——而且不可避免肯定会这样，要愿意去认识到自己错了。甚至应当为此感到自豪，因为作为一个科学家或者工程师、建筑师，你能够认识到自己错了。

24 科学的技艺，和艺术的技艺

这篇文章尚未发表过，它基于我于 2009 年 2 月 10 日在都柏林大学的文学与历史学会上发表的一次讲话，当时我被授予了詹姆斯·乔伊斯奖。文中，我表露出自己是一个文化反动者。在亨利·亚当斯自传中的某处，他将自己描述为一个 18 世纪的人，但命运不知为何让他大半生都活在 19 世纪，还有一点希望生活在 20 世纪。关于我自己，也可以说同样的话，当然只是把他的日期前移一个世纪。我告诉哈佛大学出版社的杰夫·迪恩，读过这篇文章的人中没有同意它的观点的，他告诉我他能理解为什么。

能获得一个以我非常仰慕的作家命名的奖项，令我十分满足。满足感在此还要加倍，因为我这样一个丝毫不敢宣称自己有艺术创造力的物理学家，因获奖而有勇气从自己的视角谈论文学和其他艺术的创作过程。不，我并没有幻想科学发现对艺术有任何启示。科学发现可能可以作为艺术的灵感或隐喻的来源，但任何事物都是如此。我想说的是，在我看来，理论物理学家和创造性艺术家的工作方法上似乎有某种相似，这些相似可能为如今物理和艺术所面临的问题提供一些观察视角。

乍一看这个话题可能不容乐观。人们对于科学家的印象，通常是一个早上穿上白大褂去实验室的人，他在那里做一些实验，揭示自然的客观事实。科学家被看作忠实的观察者，只有在设计实验和写研究经费申请时才是具创造性的。在记录数据方面的创造力是不被认可的。

这一关于科学的卡通形象有些真实性。确实有些实验科学家穿白大褂，但理论物理学家的工作很不相同。我们的日常工作更像是诗人、作曲家或者画家的工作，而不像实验科学家的工作，不管这是好是坏。我们理论家们极少造访实验室，相反，我们坐在桌子前面，可以说很自由地创造我们喜欢的任何理论，可以使用任意多种粒子和力，就像诗人或作曲家可以自由地把任何喜欢的词语或音符写在纸上，或者画家可以把任何颜料画到画布上。我们想到的大部分理论都行不通，我猜就像艺术家尝试的大部分事情也行不通一样。

相似之处还有更多。理论学家和艺术家享有的自由也造成了我们最大的悲剧。有无限种可能的理论或诗歌、图画，每当我们坐到桌子前面的时候，怎么决定接下来要做什么呢？矛盾的是，理论物理学中，对我们最大的帮助恰恰来自理论必须满足的限制条件，尽管它们令我们的工作更困难。在我看来，艺术中也有类似方面。使工作更困难的那些限制，不仅赋予艺术家灵感，而且当我们看到艺术家能够处理这些限制时，也从中获得了愉悦。所以这就是我的主题——艺术家和理论物理学家必须遵守的限制，是如何令我们的技艺更艰深，又怎样使它有可能实现。

物理理论受到的第一个限制，是必须与观测符合。这似乎很明显，但是它起作用的方式并不总是那么简单。比如，有时候实验是错的。一个经典的例子是，1905—1906年，哥廷根大学的沃尔特·考夫曼测量了快电子在电磁场中的偏离。他的数据似乎说明爱因斯坦的狭义相对论错了。有人会认为这会导致人们抛弃狭义相对论。然而，爱因斯坦以不可思议的镇定，假设考夫曼的实验错了。当然爱因斯坦是对的。另一个不那么著名的例子是，我参与提出的理论——基本粒子的标准模型理论，也遇到过与实验违背的情况。20世纪70年代早期，这一理论似乎得到了各种实验的支持。但是1976—1977年，几次独立的测量，包括对偏振光在铋蒸气中的传播，以及高能撞击情况下产生所谓 μ 子的三合子，似乎与这一理论矛盾。我和其他理论学家们没有爱因斯坦的自信，我们开始试图对标准模型进行修正，希望既保留它过去的成功，又能符合新的数据。本来不必这么麻烦的：几年之后，人们发现铋蒸气和三合子的观测都错了，标准模型根本不需要修正。

在理论必须与观测符合方面，还有另一个更细微的复杂之处。每当用一个理论做出预测时，预测不仅依赖于所检验的理论，还依赖于我们对所观测事物的性质进行的假设。比如，用对太阳系的观测检验牛顿的运动和万有引力理论时，牛顿及其后继者假设行星和彗星的运动只受到万有引力的作用。到了19世纪，人们已经知道哈雷彗星和恩克彗星稍稍偏离牛顿力学，但是这并不是说牛顿的理论错了。问题不在于理论，而在于人们对只有万有引力作用于彗星的假设。碰巧的是，当彗星靠近太阳时，它所携带的一些冰会蒸发，给彗星施加了非万有引力的其他力，就像火箭喷出的热气体给火箭施加的力一样。

由于这些复杂性，对一个新理论最重要的限制往往不是它必须经受住每个新实验的检验，而是它应该符合过往所有观测结果，就像从过去的理论中结晶出来一样。哥白尼并没有通过对行星运动做新的观测来检验其日心说理论，而是通过检验其预测是否与托勒密冗赘的地心说的精确预测相符。新的理论当然不会与之前的任何理论完全符合——否则就不是新的了，但是它们也绝不能把过往理论的一切成功都丢弃。这类事情让理论学家的工作比人们通常认为的要保守得多。

值得庆幸的是，保持过去的成功经验不只是限制，也是向导。爱因斯坦在构建狭义相对论的过程中，在努力使它与麦克斯韦更早的电磁理论相符时获得了珍贵的帮助。与此类似，玻尔在1913年推导自己的氢原子模型时，依赖于他称为对应原理的理论。这一原理要求量子理论对大型系统的预测必须符合前量子经典物理理论的预测，因为经典物理理论在这些系统上是有效的。这特别要求一个位于相对较高原子轨道的电子释放的光的频率，等于经典物理中电子绕原子核一圈的频率。量子理论必须满足这类前理论，而这一限制正是玻尔需要的信息，帮助他完成了他的原子模型。

我们都愿意做些新的事情，但它永远不会是全新的。1919 年日食期间，当观测到的星光在太阳引力场中的弯曲证实了爱因斯坦的广义相对论时，伦敦的《泰晤士报》头条宣布牛顿的万有引力理论被证实是错的。实际上，爱因斯坦远非证明了牛顿理论的错误，对于爱因斯坦来说，牛顿理论对他的理论是至关重要的限制，他的理论在已知牛顿理论有效的地方必须与之符合，这个对象就是在弱引力场中以远远小于光速的速度运动的物体。确实，必须满足这一限制的要求引导了爱因斯坦构建其广义相对论方程。

有人（比如史学家阿瑟·米勒）说 20 世纪物理学的发展为先锋艺术的产生做出了贡献。如果是这样，艺术一定受到（并且我认为反过来也一样）对物理中激进因素的高估的影响。

在艺术领域，一个人当然不能说通过观察判断作品是正确或错误。我想对艺术作品来说，最接近于"被证明正确"的类比是，人们发现，即使历经岁月，这幅作品仍然提供了一种深刻的满足感，这正是我们在艺术中追寻的。在这个意义上，我想我们可以说一种艺术想法是否行得通。而且再一次，就像理论物理学中一样，艺术中的想法也通常是行不通的。

艺术和科学一样，有效的往往是那些能保持过往成功的尝试。对我来说，认为艺术中最重要的是创新的想法非常错误。贝多芬的弦乐四重奏采用了数十年前由海顿发明的形式，但是海顿的四重奏并不比贝多芬的更好。没有人希望现在的音乐听起来完全像海顿或贝多芬的，但如果认为我们必须根据一首乐曲与以往的音乐有多像来欣赏它，那也是错误的。

我记得不久前，奥斯汀国会大街的一座银行大楼前出现了一座雕塑。它是用铸铁片堆叠而成的。也许因为它是黑色的，看着不祥，它被命名为"神秘的乌鸦"。我问过一些朋友，没有人表示喜欢它。后来，我碰巧与该银行的一位主管共进晚餐。我问他是否喜欢"神秘的乌鸦"。他说不，他弄不懂它，但他认为他的银行需要支持艺术创新，这很重要。最终，"神秘的乌鸦"被移除了。这大概是为了行人的安全考虑，但我没听过任何人说想念它。

没人想要抑制创新，但仅仅因为艺术是创新的就去支持则是愚蠢的，尤其是艺术原本可以从过去获得那么多力量和指引。我想我的银行家朋友有那种普遍的信念，认为伟大的艺术从未在自己的时代受到欣赏。但实际上有无数的反例。当杜乔完成了《圣母子荣登圣座》时，锡耶纳的市民们举办了一个庆典，他们把杜乔扛到了庆典现场。很多伟大的作曲家，包括贝多芬、勃拉姆斯、威尔第、瓦格纳和普契尼，在自己的时代都广受欢迎，莎士比亚也凭借自己的剧本过上了富足的生活。当然，也确实有在当时没有受到足够欣赏的艺术的例子。音乐方面，人们会想到已故的贝多芬和《春之祭》——但很快就被大众所了解。尽管《春之祭》第一次演出时巴黎的观众发生了骚乱，但是第二场受到了热情欢迎。常去听音乐会的人里，有些很不喜欢勃拉姆斯或瓦格纳，但大多数人是他们的崇拜者。至于为文艺复兴时期的伟大艺术提供支持的教皇和王子们，我不能想象他们并不理解这些艺术，而只是因为他们觉得支持艺术创新很重要便为之付账。

有时，当一个人一开始不理解非常新颖的艺术作品时，充满同情地去听或读，直到能够欣赏，会很有好处。我有过好几次这样的经历。我上高中的时候，听到了一段无伴奏的小提琴演奏的巴赫的一首作品，完全没有理解，但是我知道巴赫应该是很伟大的作曲家，所以我继续听，直到我开始喜欢。对于斯托克豪森或者梅西安的音乐，我仍未能理解，但是那些音乐品味比我好的演奏者通常为之倾倒，所以我愿意相信问题在我而不在斯托克豪森或梅西安。但当我意识到创新的作品之所以受人喜爱仅仅是因为它们创新时，我就会有很多疑虑。尤其是在那些与过去切断了一切联系的艺术作品上，我们往往得不到什么。

就像叶芝在他的最后一首诗《在本布尔山下》中对艺术家同行的责备：

诗人和雕塑家，干你们的工作，
　别让那种时髦的画家一味去躲
　他的伟大的祖先曾做过的事。

即便是抽象表现主义的鼓吹者克莱门特·格林伯格，也宣称"非写实或者抽象，要想具有审美的有效性，就不能是随意的和非理性的，而必须源于对某种有价值的约束或原创性的服从"。确实，通常是对传统的服从使创新成为可能。就像人们常说的那样，没有和谐，就不会有不和谐。

对物理学理论还有另一个不那么明显的限制。它们不仅要与做过的实验，或者将会做的实验相符合——它们还必须服从特定的内在约束，保证它们对即使现实中不可能做而只有理论上可能的实验来说，也不会做出不合理的预测。

比如，好的理论预测的结果不应该早于原因。为了保证这一原则，有必要确定一个不依赖于观察者视角的事件顺序。只要物理学依赖于牛顿的《原理》中所表达的时间观，这就不是问题，《原理》说"绝对、真实而数学的时间，它自己，从它的本性出发，与任何外物无关地、均等地流动"。但是在爱因斯坦1905年的狭义相对论中，时间的流动受到观察者运动的影响。根据狭义相对论，以不同速度移动的不同观察者对时间顺序甚至会看法不一，这就存在危险：是否某些观察者会看到结果在原因之后，另一些观察者则看到原因在结果之后？然而，因为运动对时间造成影响的特殊方式，要想让事件顺序被观察者的运动改变，两个事件必须在时间上非常靠近而在空间上非常遥远，导致光都来不及从一个事件传递到另一个事件。因此，通过加入没有任何信号比光传播更快的要求，就能保持因在果之前的原则。详细说来是，如果两个事件在时间上接近且在空间上遥远，导致观察者的运动可以改变两个事件的顺序时，那么就没有任何信号可以将两个事件联系起来，也就是说其中一个事件不可能是另一个事件的原因。

20 世纪 20 年代，量子力学的出现制造了新的困难，更难保证结果不能先于原因的约束条件了。如果我们精确地知道一个粒子产生在哪里，根据量子力学的不确定原理，我们就完全不确定其速度。所以至少在非常短的时间内，一个粒子的速度可能是超光速的。这时要想避免结果先于原因，仍然是有可能的，但要求理论内有精细的相互抵消。要构建这样精确抵消的相对论性量子理论并不简单。除其他要求外，还要求出现在这一理论中的任何类型的带电粒子，都必须有另一种对应的粒子，其质量和自旋与前一种一样，只是电荷相反，被称为前者的反粒子。因此，一个使我们的工作更难做的限制也提供了一个路标，向我们指出了自然界的一个重要事实，即反物质的存在。

任何量子力学理论，还必须满足其他内在条件。在给定的初始条件下，量子力学通常只允许我们预测各种结果的概率。为了合理，任何好的理论必须满足一个限制，即它预测的给定条件下可能发生的一切结果的概率必须是有限的正数，而且相加等于100%，即使在现实中不可能达到的初始条件下也是如此。没有任何事件的概率超过100%或小于0。要构建满足这一限制的量子力学理论并不容易。如果一个人不小心的话，计算出的概率结果可能会是负数，甚至无限大。（这在相对论性量子力学中尤其麻烦，因为用来保证一个理论给出有限概率的各种技巧常常也会导致果先于因。）在构建基本粒子的标准模型时，避免这种荒谬预测（尽管通常是中微子相互散射的过程，而这样的过程无法在实验中研究）是一个很重要的线索。

对于艺术创作来说，也有内在限制。这在建筑领域最明显，至少要满足建筑不能倒塌的限制。建筑的倒塌，比如 1284 年博韦主教堂的倒塌，可以很好地类比物理理论中无限大概率或者果先于因的出现。数千年里，在设计大型建筑时要想保证其不倒塌，建筑师都面临着严峻的挑战。石头和砖块抗压，就像在竖直墙里一样，但将它们黏合在一起的砂浆不能抵御太多张力。你不能水平砌一堵砖墙或石墙来给一大片区域当房顶。即使是竖直的石头墙，如果受到较强的横向压力，大概也会散开。为了解决这一问题，建筑师开发了穹顶、拱门、拱顶石、扶壁等将张力转化成挤压。结果这些设计不仅有用，还增加了建筑的美感。它们为建筑师提供了灵感，为其他看到这些作品的人提供了乐趣。看到先贤祠的穹顶或者巴黎圣母院外的扶壁，会让我们生动地感觉到力量从伟大的高度传导到大地，欣赏对抗重力的胜利正是我们对这类建筑的仰慕的一部分。

结构性钢筋和加固混凝土能够很好地抵抗张力，引入这些后，前述设计大多都不必要了。但建筑师并未因此摆脱一切束缚。高层建筑的侧向力是巨大的，而钢很昂贵，要聪明地使用它从而让建筑既安全得不会倒塌又不会花费过多成了一个挑战。不幸的是，为了建筑的美学，高层建筑那精巧设计的钢筋骨架往往藏在砖块、石头或玻璃的背后，而这些表面的东西在支撑建筑方面并不起什么作用。[1] 这种接受了限制条件的"国际风格"，尽管优雅，但迅速变得无聊了，现在的建筑师们要赢得公众的赞许，不是通过展示其作为建筑者的技艺，而是通过展示他们在与结构无关的细节上能够多么创新。如今，通常只有当我们看到某些桥梁或者加了穹顶的体育场时，我们才能欣赏到建造不会倒塌的大型建筑时所涉及的技艺。

雕刻同样受制于材料。叶芝想象了一个雕刻家可能会怎样处理一块天青石上的瑕疵：

> 石头的每一点变色，
>
> 每一个偶然的裂缝或凹陷，
>
> 都像一道水流或雪崩，
>
> 或是高耸的山坡，雪落纷纷。

不仅雕塑家会从所用材料的裂缝或凹痕或变色中获得灵感，我们在看到可能将这些瑕疵变为艺术品的机会时也

---

[1] 也有例外，比如芝加哥的汉考克大厦，但并不多。我也必须承认，过去伟大的建筑师，比如布鲁内列斯基，有时也会尽最大努力藏起他们对结构问题的解决方法。

会感到快乐。创造艺术时，精湛的手艺不是全部，但也不能没有它。汤姆·斯托帕德在他的戏剧《下楼梯的艺术家》中，借一个角色之口发声："没有想象力的技巧只是手艺，能够给我们很多有用的东西，比如柳条编制的野餐篮。没有技巧的想象力则给了我们现代艺术。"

诗歌就像建筑一样，是为了一个实用的目的而产生。诗歌的韵脚，尤其是节奏，给听众一种正确、不可避免的感觉，这让诗歌比散文容易记得多。早期诗歌被吟唱时，更容易记忆。书写出现之前，以及在迈锡尼与希腊化时期之间的希腊黑暗时期书写能力丧失的时候，诗歌提供了一代人与后世交流的唯一实用的方式。

我们在诗歌中找到的美感，其中很大一部分就是这种必然性，就像一座悬索桥，当我们感觉到每一根缆绳都在它应该在的位置上时，就体会到了它的美感。物理学也一样，我们寻找着带有这种必然性的理论。好的理论不仅必须符合观测，还要满足内在限制条件，保证不会出现比如无穷大这样的荒谬结果；并且，因为其他理论都不会满足这些限制条件，它们只能是它们这样。诗歌艺术的元素，比如押韵、节奏和头韵，都增加了诗歌中必然的美感，因此大概在荷马的时代，人们开始拥有读写能力时，诗歌开始流传，并且继续为我们带来满足。

在狄兰·托马斯的一首短诗《我的技艺或沉郁的艺术》中，他几次提醒我们诗歌艺术中的技巧元素。

我的技艺或沉郁的艺术

在寂静的夜里施展

当只有月亮在发怒

而恋人们躺在床上

抱着他们所有的悲苦，

我在吟唱的灯光下潜心于

我的技艺或沉郁的艺术，

不是为了抱负或面包，

也不是为了在象牙舞台上

卖弄风骚，昂首阔步，

是为了他们最隐秘的心

这寻常的薪金。

除了恼怒的月亮，

我不会为那得意的人

在这些风起浪涌的纸张上抒写，

也不为有夜莺和圣歌

做伴的巨大的死人，

而只为恋人们，他们的臂膀

拥抱岁月的悲苦，

既不给以赞美或薪金，

也不会留意我的技艺或艺术。[1]

　　这首诗的第一行也是标题，将诗歌称为技艺和艺术。之后托马斯在描述诗歌时开始用暗示体力劳动的术语，"我在吟唱的灯光下潜心[2]于"。而这是为了什么呢？为了爱人的心灵的"寻常的薪金"。然后他在最后两行回到这一主题，为恋人们"既不给以赞美或薪金／也不会留意我的技艺或艺术"而悲痛。

　　这首诗有一个很不寻常的押韵结构，很好地体现了诗人的技艺。第一节以不押韵的五行开始，后面每一行都和前五行之一押韵，尽管并不明显。第二节的每一行都和第一节的对应句押韵（除了第一节的中间两行），最后一行

1 Dylan Thomas, *Deaths and Entrances* (London: J. M. Dent and Sons, 1946).
2 潜心一词在英文原文中为 labour（体力劳动）。——译者注

最后的词回到了第一行最后的词，就像音乐在曲终时回到了主音。我想这种押韵方法不太流行也不起眼，但这首诗中的韵脚成功地把每一部分连接起来了。

这首诗的韵律一开始并不明显。重读音节和非重读音节的出现毫无顺序。但是它有一个内在结构，草草一读不太容易注意到。20 世纪 40 年代早期，当托马斯写下《我的技艺或沉郁的艺术》时，他已经放弃了早期尝试的三行联句和其他固定格律，转而专注于使诗中的每一句有相同的音节数。这首诗几乎每行都有 7 个音节。只有三句例外，只有 6 个音节，其中两句是在小节的句子结尾，较少的音节数使这一小节和这一句有一种优美的完成感。

叶芝在《在本布尔山下》一诗中，也强调了传统技巧对于诗歌的重要性，并且批评了那些忽视这一点的当代诗歌：

爱尔兰诗人，学好你们的专业，

歌唱那美好地做成的一切，

轻视那种正从头到脚

都已失去了模样的奥妙，

他们缺乏记忆的头和心——

低卑的床上的低卑的产品。

剧作家，就像建筑师和雕塑家一样，受到物理限制——这里是时间和空间的限制。一个舞台并不大，一出戏的时间也只能那么长。再一次，当我们看到戏剧的技巧战胜这些限制时，会感到愉悦。莎士比亚甚至吹嘘这一点。在《冬天的故事》里，第四幕合诵开场时解释了距离第三幕已经过去 16 年。

> 让我如今用时间的名义驾起双翮，
> 把一段悠长的岁月跳过请莫指斥：
> 十六个春秋早已默无声息地过度，
> 这其间白发红颜人事有几多变故；
> 我既有能力推翻一切世间的习俗，
> 又何必俯就古往今来规则的束缚？

在《亨利五世》中，开场白幸灾乐祸地讲述把百年战争表现在舞台上的挑战：

> 难道说，这么一个"斗鸡场"

容得下法兰西的万里江山？还是我们这个木头的圆框子里

塞得进那么多将士？——只消他们把头盔晃一晃，

管叫阿金库尔的空气都跟着震荡！

今天，一些剧作家通过展示他们如何超越剧院的时空限制来取悦观众。汤姆·斯托帕德的《阿卡迪亚》中，舞台上同时出现了相距一个世纪的不同角色，还有一只乌龟活过了中间那一整个世纪，且毫无衰老迹象。在《诺曼征服记》中，艾伦·艾克伯恩通过分别上演在餐厅、客厅和花园的三出相互关联的戏剧，来解决观众不能看到一个角色离开餐厅到了客厅之后或者离开客厅去了花园之后发生了什么的问题。斯托帕德的《君臣人子小命呜呼》几乎完全是《哈姆雷特》的幕后事情。

电影中不需要这些技巧。然而电影出现后，剧院没有消失，部分原因是戏剧可以受到剧院限制的启发，也因为我们愿意看到剧作家的这些技巧。在电影版《亨利五世》中，奥利维尔仍没放弃戏院的这一优势——电影以在环球剧院的表演开始，后来才将场景扩展到索尔兹伯里平原，为了代表"法兰西的广袤田野"。

在我看来，剧院在迎接电影院带来的挑战方面，比建筑在适应钢筋结构方面做得好得多。也许这是因为这些艺术得到支持的方式不同。大型建筑是为了需要标识的公司或博物馆而建。一座摩天大厦建成金字塔形状可能在结构上或经济上毫无道理，但至少看到它的任何人都立刻知道这是泛美的建筑。另一方面，剧院依然得到那些想看戏的人的支持。

我不想夸大理论物理学和艺术之间的相似性。我提到了必然性在艺术与物理学中的价值。就像柯勒律治所说，"一件事情，如果不是本身有理由只能如此，而不能是别的样子，就不会永久令人满意"。但是在艺术中，这种必然性也就到此为止了。一首奏鸣曲可能给我们一种不能改变一个音符的感觉（因此即使像我这样读不懂乐谱的人也能听出哪里弹错了一个音），一首十四行诗可能给人一种不能改变一个字的感觉，但是对更大规模（我会说恢宏）的作品来说，这种必然性就远没那么重要了，比如莫扎特的歌剧或莎士比亚的戏剧。太多的必然性甚至会让人感到无聊。就像培根说过的，必须有"一定比例的怪异"。艺术最能反映人类事务的复杂性和不可预测性。

　　另一方面，在粒子和场的理论工作中，我们的全部目标就是将整个自然还原为一个简单的终极理论，因为其他一切都不可能，所以这一理论将会在最大可能的程度上为真。就像爱因斯坦对他自己的工作的评价，我们努力"不仅理解自然是什么样以及它如何完成其任务，而且尽可能去达到乌托邦式的而且看似傲慢的目标，了解自然为什么是这样而不是别样"。在我和同事们所在的基本物理领域，我们正在努力通过发现一个终极理论来让我们自己没事可做。但是只要文明继续，艺术就会继续。这是本次讲座中我最确定的一件事，因为没有艺术，就没有文明。

25　纽约到奥斯汀，以及返回

　　2017 年 6 月 16 日，我在纽约参加洛克菲勒大学一年一度的学位授予仪式。当天下午我做的演讲收录为本书第 20 篇文章。当晚有华丽的晚宴，其他荣誉学位获得者和我被邀请在晚宴后做简短的演讲。我当天下午的讲话有些严肃，所以晚宴后我试着缓和一下气氛。以下是我的讲话，特为本文集落成文字，之前还没发表过。

　　我很感激洛克菲勒大学，不仅因为下午授予我的荣誉，也因为它让我回到纽约。我住在得克萨斯州 35 年了，但我的口音仍然暴露出纽约背景。昨天早上，在奥斯汀机场候机时，我和一位得州人聊得很不错。过了一会儿他问我："你从哪儿来？"我回答："就这里。"然后，正如我所料，他问："不，我是说，你原本从哪儿来？"我承认我原本来自纽约。

实际上，答案中的"纽约"是个委婉的说法。我并没有在纽约区曼哈顿的岛上长大，而是在北美洲大陆上的布朗克斯区的布朗克斯镇长大。当时，那里的成长环境安全而舒适，但没有什么令人激动的。我的家人和我知道曼哈顿的魅力，但是跟它没什么关系。

到了选大学的时候，我迫不及待地想要离开纽约。一个朋友问我为什么要学理论物理时，我解释说我想要做一个物理学家，探索最深层次的自然奥秘，并且要离开布朗克斯。我的选择是麻省理工学院和康奈尔大学其中之一。我参观了这两所学校，之后选择了康奈尔大学。因为和东剑桥比起来，伊萨卡更不像布朗克斯，而且绿草要多得多。

那是我曾经做过的最好的选择，因为我在康奈尔大学遇到了露易丝，她今晚也在这里。我们一毕业就结婚了，没有回到纽约，而是去了哥本哈根和普林斯顿。在普林斯顿待了一段时间后，我们渴望回到纽约，但这一次是真正的纽约。我们住在一间离这里不远的公寓，就在东 63 街 405 号。

我说"一间"的时候，不是指一间卧室，而是一间真的房。但这是曼哈顿。我当时在哥伦比亚大学做博士后，并以为我会获得终身助理教授职位，以为我们会搬到曼哈顿的一套两居室公寓。

但事实不是这样。哥伦比亚大学只有一个理论物理学助理教授的职位，并且给了我的好朋友加里·芬伯格，他写了一篇重要的文章，比我当时做过的任何工作都更重要。露易丝和我离开了纽约。此后我们先后住在旧金山和伦敦，后来和我们的女儿伊丽莎白一起在伯克利、剑桥和帕洛阿尔托生活过，最终定居奥斯汀。

奥斯汀是得克萨斯州的一个不寻常的城市。政治上，它和曼哈顿一样自由——得克萨斯州选区地图一片红色海洋中的蓝点。在得克萨斯州的某些地方，这个蓝点被称为特拉维斯区人民民主共和国。奥斯汀在其他方面也很不寻常。傍晚时分，国会大街桥下的岸边挤满了奥斯汀人，等着看美国最大的市区蝙蝠群从桥底出来寻觅晚餐。奥斯汀可能是世界上唯一一个每年为毛驴屹耳庆祝生日的地方。著名的酒吧犰狳世界总部已经不见了，但是仍然有一个小酒馆，在那里你可以和牧场主、祖母以及软件工程师跳一曲《棉眼乔》。奥斯汀最流行的汽车保险杠贴纸是"让奥斯汀继续诡异"。（但我最喜欢的贴纸是我刚到奥斯汀不久时看到的："耶稣爱我。他恨你。"）奥斯汀为世界贡献了戴尔电脑、全食超市，以及威利·纳尔逊。

你大概能猜到，我喜欢住在奥斯汀。即便如此，我时不时有点怀疑纽约以外的一切都不算数。所以就像我说的，我很感激受邀回来待几天。我希望你们中的一些人可以回访。就像我在35年后终于学会说的，（奥斯汀口音）都下来看我们，你们听到了吗？

参考文献

| 科学史

1. "The Missions of Astronomy," *New York Review of Books 56*, no.(16 October 22, 2009): 19-22.

2. "The Art of Discovery," *Philosophical Society of Texas, Proceedings of the Annual Meeting at Austin, December 4-6, 2009*, vol.53 (Austin: Philosophical Society of Texas, 2014): 35-38.

3. "Particle Physics, from Rutherford to the LHC," *Physics Today* 64, no. 8 (August 2011): 29-33.

4. Introduction to chapter 6, "Educators and Academics," in *Texas State Cemetery*, by Jason Walker and Will Erwin with Helen Thompson (Austin: University of Texas Press, 2011), 147-151.

5. "Physics: What We Do and Don't Know," *New York Review of Books* 60, no.17, Fiftieth Anniversary Issue (November 7, 2013): 86-88.

6. Foreword to *Time in Powers of Ten: Natural Phenomena and Their Timescales*, by Gerard 't Hooft and Stefan Vandoren, translated by Saskia Eisberg 't Hooft (Singapore: World Scientific, 2014), ix.

7. "Eye on the Present—The Whig History of Science," *New York Review of Books* 62, no. 20 (December 17, 2015): 82-84.

8. "The Whig History of Science: An Exchange," reply to Arthur M. Silverstein, *New York Review of Books* 63, no. 3 (February 25, 2016): 41.

II 物理和宇宙

9. "What Is an Elementary Particle?," *Beam Line* 27, no. 1(Spring 1997): 17-21.

10. "The Universes We Still Don't Know," review of *The Grand Design*, by Stephen Hawking and Leonard Mlodinow, *New York Review of Books* 58, no.2(February 10, 2011): 31-34.

11. "Varieties of Symmetry," keynote lecture at the Symmetry Festival 2009—Budapest, published in "Symmetry in Literature," ed. Tatiana Bonch-Osmolovskaya, special issue, *Symmetry: Culture and Science* 23, no. 1 (2012):5-16. A shortened version was first published as "Symmetry: A 'Key to Nature's Secrets," *New York Review of Books* 58, no. 16 (October 27, 2011): 69.

12. "The Higgs, and Beyond," *Prospect* 189 (December 2011): 74-76.

13. "Why the Higgs Buson Matters," *New York Times*, op-ed (July 13, 2012) and *International Herald Tribune*, op-ed (July 14, 2012): 6.

14. "The Trouble with Quantum Mechanics," *New York Review of Books* 64, no. 1 (January 19, 2017): 51.

III 社会观评

15. "Obama Gets Space Funding Right," *Wall Street Journal*, op-ed (Eastern edition, February 4, 2010): A 19.

16. "The Crisis of Big Science," *New York Review of Books* 59, no. 8

(May 10, 2012): 59-62.

17. "The Election—IV," essays by Steven Weinberg, Garry Wills, and Jeffrey D. Sachs, *New York Review of Books* 59, no. 17, special election issue (November 8,2012): 63-65.

18. "Closing Some Tax Loopholes Would Do More Harm than Good," *Austin American-Statesman*, op-ed (December 20, 2012): A15.

19. "Response: Against Manned Space Flight Programs," *Space Pohcy* 29, no. 4 (November 2013): 229-230.

20. 在本文集中首次出版。

IV 个人遐思

21. "Change Course," in "College Advice, from People Who Have Been There Awhile," *New York Times*, Sunday opinion (September 6, 2009): WK10.

22. "The 13 Best Science Books for the General Reader," *Guardian* (April 3, 2015).

23. 在本文集中首次出版。

24. 在本文集中首次出版。

25. 在本文集中首次出版。